高职高专教育“十一五”规划教材

制药过程设备

制药类专业用

王云庆　主编

中国农业大学出版社

编 写 人 员

主　编　王云庆　黑龙江农业经济职业学院

副主编　宫莉萍　黑龙江农业经济职业学院
　　　　韩秋伟　黑龙江林业职业技术学院

参　编　蒋志城　杭州职业技术学院
　　　　洪伟鸣　江苏畜牧兽医职业技术学院
　　　　王　丽　黑龙江农业经济职业学院

主　审　王云霞　黑龙江畜牧兽医职业学院
　　　　肖艳红　佳木斯鹿灵制药有限责任公司

出版说明

高等职业教育作为高等教育中的一个类型，肩负着培养面向生产、建设、服务和管理第一线需要的高技能人才的使命。大力提高人才培养的质量，增强人才对于就业岗位的适应性已成为高等职业教育自身发展的迫切需要。教材作为教学和课程建设的重要支撑，对于人才培养质量的影响极为深远。随着高等农业职业教育发展和改革的不断深入，各职业院校对于教材适用性的要求也越来越高。中国农业大学出版社长期致力于高等农业教育本科教材的出版，在高等农业教育领域发挥着重要的作用，积累了丰富的经验，希望充分利用自身的资源和优势，为我国高等职业教育的改革与发展做出自己的贡献。

经过深入调研和分析以往教材的优点与不足，在教育部高教司高职高专处和全国高职高专农林牧渔类专业教学指导委员会的关心和指导下，在各高职高专院校的大力支持下，中国农业大学出版社先后与100余所院校开展了合作，共同组织编写了一系列以"十一五"国家级规划教材为主体的、符合新时代高职高专教育人才培养要求的教材。这些教材从2007年3月开始陆续出版，涉及畜牧兽医类、食品类、农业技术类、生物技术类、制药技术类、财经大类和公共基础课等的100多个品种，其中普通高等教育"十一五"国家级规划教材22种。

这些教材的组织和编写具有以下特点：

精心组织参编院校和作者。每批教材的组织都经过以下步骤：首先，征集相关院校教师的申报材料。全国100余所高职高专院校的千余名教师给予了我们积极的反馈。然后，经由高职高专院校和出版社的专家组成的选题委员会的慎重审议，充分考虑不同院校的办学特色、专业优势、地域特点及教学改革进程，确定参加编写的主要院校。最后，根据申报教师提交的编写大纲、编写思路和样章，结合教师的学习培训背景、教学与科研经验和生产实践经历，遴选优秀骨干教师组建编写团队。其中，教授和副教授及有硕士以上学历的占70%。特别值得一提的是，有5%的作者是来自企业生产第一线的技术人员。

贴近国家高职教育改革的要求。我国的高等职业教育发展历史不长，很多院校的办学模式和教学理念还在探索之中。为了更好地促进教师了解和领会教育部的教学改革精神，体现基于职业岗位分析和具体工作过程的课程设计理念，以真实工作任务或社会产品为载体组织教材内容，推进适应"工学结合"人才培养模式的课程教材的编写出版，在每次编写研讨会上都邀请了教育部高教司高职高专处、全国高职高专农林牧渔类专业教学指导委员会的领导作教学改革的报告；多次邀请教育部职业教育研究所的知名专家到会，专门就课程设置和教材的体系建构作专题报告，使教材的编写视角高、理念新、有前瞻性。

注重反映教学改革的成果。教材应该不断创新，与时俱进。好的教材应该及时体现教学改革的成果，同时也是教育教学改革的重要推进器。这些教材在组织过程中特别注重发掘各校在产学结合、工学交替实践中具有创新性的教材素材，在围绕就业岗位需要进行知识的整合、与实际生产过程的接轨上具有创新性和非常鲜明的特色，相信对于其他院校的教学改革会有启发和借鉴意义。

瞄准就业岗位群需要，突出职业能力的培养。这些教材的编写指导思想是紧扣培养"高技能人才"的目标，以职业能力培养为本位，以实践技能培养为中心，体现就业和发展需求相结合的理念。

教材体系的构建依照职业教育的"工作过程导向"原则，打破学科的"系统性"和"完整性"。内容根据职业岗位(群)的任职要求，参照相关的职业资格标准，采用倒推法确定，即剖析职业岗位群对专业能力和技能的需求──→关键能力──→关键技能──→围绕技能的关键基本理论。删除假设推论，减少原理论证，尽可能多地采用生产实际中的案例剖析问题，加强与实际工作的接轨。教材反映行业中正在应用的新技术、新方法，体现实用性与先进性的结合。

创新体例，增强启发性。为了强化学习效果，在每章前面提出本章的知识目标和技能目标。有的每章设有小结和复习思考题。小结采用树状结构，将主要的知识点及其之间的关联直观表达出来，有利于提高学生的学习效果和效率，也方便教师课堂总结。部分内容增编阅读材料。

加强审稿，企业与行业专家相结合，严把质量关。从选题策划阶段就邀请行内专家把关，由来自于企业、高职院校或中国农业大学有丰富生产实践经验的教授审核编写大纲，并对后期书稿进行严格审定。每一种教材都经过作者与审稿人的多次的交流和修改，从而保证内容的科学性、先进性和对于岗位的适应性。

这些教材的顺利出版，是全国100余所高职高专院校共同努力的结果。编写出版过程中所做的很多探索，为进一步进行教材研发提供了宝贵的经验。我们希望以此为基点，进一步加强与各校的交流合作，配合各校教学改革，在教材的推广使用、修订完善、补充扩展进程中，在提高质量和增加品种的过程中，不断拓展教材合作研发的思路，创新教材开发的模式和服务方式。让我们共同努力，携手并进，为深化高职高专教育教学改革和提高人才培养质量，培养国家需要的各行各业高素质技能型专门人才，发挥积极的推动作用。

中国农业大学出版社

2008年6月

内 容 简 介

本书根据高等职业教育的特点，以“必需、够用、实用”为度，对内容进行了精简、提炼，全书内容共分九章，包括绪论、流体流动基础、液体搅拌、物料输送设备、机械分离设备、传热设备、蒸发设备、干燥设备和结晶设备等。每章后附有重点设备的技能训练内容，以加强学生的动手能力。

本书紧密联系生产实际，内容精炼，图文并茂，突出了“以应用为目的，以能力培养为目标”的教育理念，实用性强，便于自学。

本书可供制药类专业的学生使用，也可作为制药行业职工的培训教材，或作为化工、食品等行业技术人员的参考书。

前　言

本书针对高等职业教育培养制药技术应用型人才的教育特点，以“必需、够用、实用”为度，以理清概念、强化应用、培养技能为原则，对内容进行精简、提炼。采用图文并茂的形式，着重介绍液体搅拌、物料输送设备、机械分离设备、传热设备、蒸发设备、干燥设备和结晶设备的结构与工作原理、使用与操作方法、选型与常见故障处理，具有较强的实用性。各院校在教学过程中，可根据自身的实训条件及本地区制药工业生产技术应用实际，对教材的内容进行有针对性的选取。

本书由王云庆主编，并编写绪论、第三章及附录；宫莉萍任第一副主编，并编写第四章、第七章；韩秋伟任第二副主编，并编写第八章、第九章；蒋志城编写第二章；洪伟鸣编写第六章；王丽编写第五章。全书由王云庆统稿，经王云霞教授（黑龙江畜牧兽医职业学院）和肖艳红高级工程师（佳木斯鹿灵制药有限责任公司）审阅。

本书在编审过程中得到了上述院校、企业同行和中国农业大学出版社的大力支持和帮助，在此表示衷心感谢。在编写过程中，我们参考了相关教材和专著，并收集了大量生产中常用数据和图表，在此向相关作者一并表示感谢。

由于编者水平有限，时间仓促，教材中难免存在缺点和不妥之处，恳请同仁及读者批评指正。

编　者

2008 年 12 月

目　录

第一章　绪　　论

一、本课程的性质、任务及内容

制药过程设备是制药类专业的核心课程，通过对本课程的学习，使学生掌握药物生产过程中各单元操作的典型设备的工作原理、结构特点、操作调控方法，学会在设备运行发生故障时，能够分析故障原因，提出排除故障的措施。培养学生务实的工作作风，提高学生的职业素质，使学生更好地适应制药企业的生产要求。

单元操作是指具有共同的物理变化、遵循共同的基本规律的基本操作。制药工业生产常见单元操作见表1-1，其特点如下：

表 1-1　常见单元操作过程

单元操作	遵循原理和过程分类	操作涉及相态	目　的
流体输送	流体动力过程、流体动力学原理	气态或液态	流体的输送、压缩
沉降、过滤		气液、气固、液液、液固	非均相混合物的分离
搅拌		气液、液液、液固	混合或分散
加热、冷却与冷凝	传热过程、传热基本原理	气态或液态	物料升温、降温和改变相态
蒸发		液态、气态	浓缩液体、回收溶剂
结晶	传质过程、传质基本原理	溶液与固态结晶体	溶质与溶剂分离
干燥		固态、液态、气态	降低物料的湿含量

(1)单元操作进行的绝大多数都是物理过程，这些操作只改变物料的状态或物理性质。例如相态的变化(冷凝)、浓度及组成的变化等，而物料的化学性质不变。

(2)单元操作是药物生产过程中共有的操作。药物生产中处理的物料种类繁多，而且物理性质千差万别，所以药物生产过程是各种各样的。但是所有的药物生产过程都是由上面提到的若干种单元操作组合而成。例如抗生素的生产，是由流体流动、传热、搅拌、结晶、干燥等单元操作组合而成。

(3)虽然各种单元操作在不同药物生产过程中起着各自的作用，但是同一类单元操作，其基本原理和所用的设备均相同。

上述各种单元操作，其基础都可以归入“三传理论”，即动量、热量、质量三种传递理论中。

动量传递过程 研究流体的流动和流体与固体接触时，其间发生相对运动时的基本规律。以流体力学为基础的各单元操作均属这种过程，如流体的输送、沉降、过滤等。

热量传递过程 研究传热的基本规律以及主要受这些规律支配的若干单元操作，如传热、蒸发等。

质量传递过程 研究物质通过相界面的扩散分离过程的基本规律，以及受这些规律支配的若干单元操作，如干燥、结晶等。

二、单位与单位制

单位制是指按照给定的规则来确定一组彼此相关的量的计量单位。为制定单位制，通常把某些量作为互相独立的物理量（如长度、质量、时间等）作为基本量，并为每个基本量规定一个基本单位，其他物理量的单位则可按照它们与基本量之间的关系式导出来，这些物理量叫做导出量。导出量的单位都是基本单位的组合，称为导出单位。如选定长度和时间作为基本量，其单位定义为米和秒，那么速度的单位就是导出量，其单位可通过它的定义导出，即为(m/s)。

由于基本量及其单位的不同选择，就产生了不同的单位制。过去我国所采用的单位制有物理单位制（CGS 制）和工程单位制，它们的基本量和单位见表 1-2。

表 1-2 我国几种旧单位制的基本量和基本单位

单位制	基本量			
	长度	质量	时间	力
厘米·克·秒制 CGS	cm(厘米)	g(克)	s(秒)	—
米·千克·秒制 MKS	m(米)	kg（千克）	s(秒)	—
米·千克力·秒制 MKfS	m(米)	—	s(秒)	kgf（千克力）

1960 年第十一届国际计量大会决定以米(m)、千克(kg)、秒(s)、安培(A)、开尔文(K)和坎德拉(cd) 为基本单位的实用计量单位制命名为“国际单位制”，并规定其符号为“SI”。1974 年的第十四届国际计量大会又决定增加物质的量的单位摩尔(mol)作为基本单位。因此，目前国际单位制共有七个基本单位。

我国于 1984 年 2 月 27 日发布了以国际单位制为基础，包括国家选定的国内外习惯或通用的少数非国际单位制单位在内的《中华人民共和国法定计量单位》，简称法定单位。

本教材一律采用国际单位制，在本书中出现其他单位制的时候，将给出其与SI制的换算关系。制药生产中常用的SI导出单位见表1-3。

表1-3　制药生产中常用的SI导出单位

量的名称	单位名称	单位符号	用SI基本单位表示的单位
面积	平方米	m^2	m^2
体积	立方米	m^3	m^3
速度	米每秒	m/s	m/s
密度	千克每立方米	kg/m^3	kg/m^3
浓度	摩尔每立方米	mol/m^3	mol/m^3
力	牛[顿]	N	$kg \cdot m/s^2$
压强	帕[斯卡]	$Pa(=N/m^2)$	$kg/(m \cdot s^2)$
功率	瓦[特]	$W(=J/s)$	$kg \cdot m^2/s^3$
黏度	帕[斯卡]秒	$Pa \cdot s$	$kg/(m \cdot s)$
扩散系数	平方米/秒	m^2/s	m^2/s
导热系数	瓦[特]每米开[尔文]	$W/(m \cdot K)$	$kg \cdot m/(s^3 \cdot K)$
传热系数	瓦[特]每平方米开[尔文]	$W/(m^2 \cdot K)$	$kg/(s^3 \cdot K)$

三、本课程的学习要求

制药工业涵盖生物、化工、高分子材料等多个领域，本教材根据制药工业的特点和制药过程设备课程的教学要求，精选了若干个典型单元操作过程及设备进行介绍，学生在学习本课程中，应注意以下几点要求。

(1)熟悉典型药物生产单元操作的基本原理、设备的结构特点与用途，能根据实际生产工艺的技术需要以及不同的物料特点和环境条件，正确、合理地选择相应的设备。

(2)掌握典型单元操作设备的操作方法与步骤，熟悉控制和调节过程操作的基本措施，能运用所学的基本知识去分析和解决实际工程问题。

(3)学会从经济需要角度考虑技术问题，在使用各种经验数据时，一定要注意它们的使用条件，做到正确使用。

第二章　流体流动基础

知识目标

●理解流体的流动型态及流体阻力产生的原因；理解管路涂色在制药生产中的重要意义。

●熟悉流体参数测量的方法、管路布置的原则。

●掌握流体输送管路的基本知识及连续性方程的应用。

能力目标

●能根据需要正确选用管子、管件和阀门，完成简单管路的拆装。

流体是具有流动性的液体和气体的统称。在制药生产中所处理的物料大多是流体。在这些物料加工过程中，无论是传热还是传质，都是在流体流动的状态下实现的。因此，单元过程进行的优劣、动力消耗及设备投资等都与流体流动状态密切相关。制药生产中的流体流动问题主要有以下几个方面：

(1)管子的选择与管路布置　管路是用来输送流体的。在输送流体前，人们必须根据流体的特性选用适当的管子，并按一定的要求布置管路。

(2)压力、流量、温度、液位等的测定　为了了解和控制生产过程，常需要测定管路或设备中的压力、流量等参数。测量这些参数的仪器、仪表大多是以流体力学为理论基础的。

(3)为强化设备操作提供适宜的流体流动条件　在制药生产中，流体流动绝不单纯涉及流体在管路或设备内的流动，许多其他单元操作都属于流体动力过程，如沉降、过滤、搅拌等。因此，研究流体流动对寻找强化设备操作的途径具有重要意义。

第一节　流体的基本性质

一、流体的密度

单位体积流体所具有的质量称为流体的密度。流体的密度随温度和压力而变化。液体的密度几乎不随压力而变化，但温度对液体密度有一定影响。气体的密度随温度和压力而变化，而且比液体显著得多，因此要根据温度及压力条件来确定气体的密度。

流体的密度一般可在物理化学手册或有关资料中查得，如果查得的数据不是以 SI 制表示的，可换算为 SI 制。

二、流体的压力

流体的压力是指垂直作用于流体单位面积上的力。工程上常常将压强称之为压力，流体的压力除了用不同的单位来计量外，还可以用不同的计量基准来表示，如图 2-1 所示。

表压　压力表上所显示的读数，表示设备内的实际压力比外界大气压高出的数值。

真空度　真空表上所显示的读数，表示设备内的实际压力低于当地大气压的数值，也称为负压。

绝对压力　设备内的实际压力，简称绝压。

在法定单位制中，压力的单位是 Pa，称为帕斯卡。但习惯上还采用其他单位，如 atm（标准大气压）、流体柱高度、bar（巴）或 1 kgf/cm^2 等，它们之间的换算关系为：

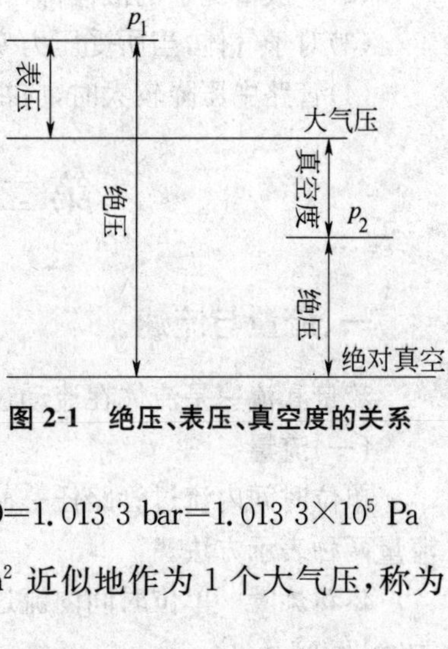

图 2-1　绝压、表压、真空度的关系

$$1\ atm = 1.033\ kgf/cm^2 = 760\ mmHg = 10.33\ mH_2O = 1.0133\ bar = 1.0133 \times 10^5\ Pa$$

工程上为了使用和换算方便，常将 1 kgf/cm^2 近似地作为 1 个大气压，称为 1 at（工程大气压）。于是

$$1\ at = 1\ kgf/cm^2 = 735.6\ mmHg = 10\ mH_2O = 0.9807\ bar = 9.807 \times 10^4\ Pa$$

三、流体的黏度

实际流体流动时流体分子之间产生的内摩擦力的特性称为黏性，黏性越大的流体，其流动性越差，流动阻力越大。衡量流体黏性大小的物理量，称为黏度，用符号 μ 表示。

黏度的数值是通过实验测定的，其单位为 $N \cdot s/m^2$ 或 $Pa \cdot s$。流体的黏度值随温度而变化。一般来说，液体的黏度随温度的升高而减小，气体的黏度随温度的升高而增大。

压力对液体黏度的影响可忽略不计；气体的黏度只有在极高或极低的压力下才有变化，一般情况下不予考虑。

四、流体的压缩性

流体的压缩性是指流体的体积在外力作用下可以改变的性质。在流体流动的研究中，压缩性大小被看作是气体和液体的主要区别。通常液体的压缩性不大，而气体的压缩性则大得多。当流体的压缩性对所研究的流动影响不大，可忽略不计时，这种流体称为不可压缩流体，反之称为可压缩流体。

需要指出的是：

(1)严格地说，不存在完全不可压缩的流体。

(2)一般情况下的液体都可视为不可压缩流体。

(3)对于气体，当所受压力变化相对较小时，可视为不可压缩流体。

(4)管路中压降较大时，应视为可压缩流体。

第二节　流体的流动

一、流量与流速

流量和流速是流体在流动过程中十分重要的两个流动参数。

(一)流量

单位时间内流过管路任一截面的流体量，称为流量。一般有体积流量和质量流量两种表示方法。

体积流量　单位时间内流过管路任一截面的流体体积，以符号 V 表示，单位为 m^3/s 或 m^3/h。

质量流量　单位时间内流过管路任一截面的流体质量，以符号 W 表示，单位为 kg/s 或 kg/h。

对于可压缩流体，若温度、压力有变化，则体积流量随之变化，故讨论可压缩流体流动时，须注明其压力和温度。由于可压缩流体体积随温度和压力变化，用体积流量表示不方便，而其质量流量却不随温度和压力变化。故在可压缩流体流动的计算中，采用质量流量较方便。

(二)流速

单位时间内流体质点在流动方向上流过的距离称为流速，以符号 u 表示，单位为 m/s。黏性流体在管路内流动时，任一截面上各点的流速沿管径而变化，管子中心处流速最大，越靠近管壁，流速越小，在管壁处流速为零。为计算方便，通常所说的流速是指整个管路截面的平均流速。

二、稳定流动与不稳定流动

在流体流动过程中，若任一截面上流体的流速、压力、密度等与流动有关的物理量，只与流体所处位置有关，与流体流动时间无关，这种流动称为稳定流动；反之，这些物理量随时间而变化，则称为不稳定流动。

不稳定流动通常出现在单元操作过程的开车和停车阶段，中间的操作阶段为稳定流动，制药生产多属于连续稳定操作，本章所讨论流体若不特殊注明均为稳定流动的流体。

三、连续性方程

当流体在变截面管路中作稳定流动时，根据质量守恒定律，在管路没有泄漏的情况下，应用物料衡算的知识，单位时间通过各截面的流体的质量应相等，即

$$W=\rho uA=\text{常数} \tag{2-1}$$

式(2-1)称为连续性方程，它表明在稳定流动过程中，流体流经各截面时的质量流量恒定，而流速 u 随管路截面积 A 及流体的密度 ρ 而变化。

对于在圆形管路内作连续稳定流动的不可压缩流体，式(2-1)可变形为：

$$\frac{u_1}{u_2}=\frac{A_2}{A_1}=\left(\frac{d_2}{d_1}\right)^2 \tag{2-2}$$

式(2-2)说明不可压缩流体在圆形管路内，任意截面的流速与管内径的平方成反比。

四、管径的选择

工业生产中输送流体的管子，大多为圆管，设圆管的内径为 d，代入式(2-1)整理后得

$$d=\sqrt{\frac{V}{0.785u}} \tag{2-3}$$

式中：d 为管子内径，m；V 为流体体积流量，m^3/s；u 为流体在管路内的流速，m/s。

根据流量和流速，可用式(2-3)算得管路内径，其中流量通常是为生产任务所

决定，故关键在于选择适宜的流速。由式(2-3)可知，当流量 V 一定时，流速 u 越大，管径 d 越小，设备投入费用越小，但此时流体流速相应增大，其在管路中流动阻力也越大，使操作费用(动力消耗)增加。因此，在设计管路时，尤其是输送距离较远时，需要综合考虑这两方面的因素，使操作费用与设备费用之和为最低。表2-1列出了部分流体常用流速范围。

表 2-1 流体在管路中的常用流速范围 m/s

流体种类及状况	常用流速范围	流体种类及状况	常用流速范围
高黏度液体	0.5～1.0	低压气体	8～15
蛇管内的冷却水	<1.0	常压气体	10～20
自来水(0.3 MPa 左右)	1.0～1.5	饱和蒸汽(0.3 MPa)	20～40
水及低黏度液体(0.1～1 MPa)	1.5～3.0	过热蒸汽	30～50

由于管子直径是按国家标准进行生产的，由式(2-3)计算所得的管径往往与规格不符，故计算出直径后，须查阅有关手册，从中选用与计算结果相近的标准管径。

第三节 流体阻力

流体流动时，会因为流体自身不同质点之间以及流体与管壁之间的相互摩擦而产生阻力，造成能量损失，这种在流体流动过程中因为克服阻力而消耗的能量叫流体阻力。流体阻力的大小关系到流体输送的经济性。因此，了解流体阻力产生的原因及其影响因素是十分重要的。

一、流体阻力产生的原因

理想流体在流动时不会产生流体阻力，因为理想流体是没有黏性的。实际流体流动时会产生流体阻力，因为实际流体具有黏性。因此，黏性是流体阻力产生的根本原因。黏度作为表征黏性大小的物理量，其值越大，说明在同样流动条件下，流体阻力就会越大，这已经为理论研究及实验结果所证实。进一步的研究还发现，不同流体在同一条管路中流动时，流体阻力的大小是不同的；同一种流体在同一条管路中流动时，产生流体阻力的大小也不相同。因此，决定流体阻力大小的因素除了黏性(内因)和流动的边界条件(外因)外，还取决于流体的流动型态。

二、流体的流动型态

1883 年，英国物理学家雷诺通过实验研究了流体流动时各质点的运动情况及各种因素对流动状态的影响，揭示了流体流动的不同型态及其判定方法。雷诺实验过程如图 2-2 所示。

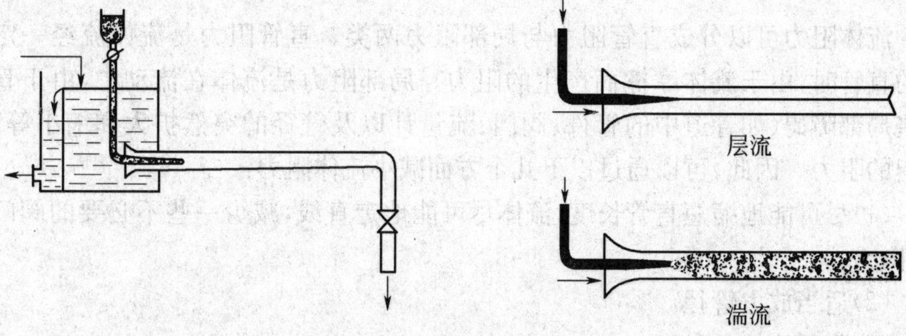

图 2-2　雷诺实验

雷诺提出，流体的流动型态分为两种，即层流和湍流，可用雷诺数(Re)来判定。$Re=\frac{du\rho}{\mu}$，其中：d 为管径，u 为流体流速，μ 为流体黏度，ρ 为流体密度。对于一般管路而言，$Re<2\,000$ 为层流状态，$Re>4\,000$ 为湍流状态，$Re=2\,000\sim4\,000$ 为过渡状态。

三、流体在圆管中的速度分布

如图 2-3 所示，通过对相同流量下圆管层流和湍流流动的断面流速分布的比较，可以看出无论是层流，还是湍流，在管子任意截面上，流体质点的速度沿管径而变化，管壁处速度为零，离开管壁后速度渐增，至管子中心处速度最大。

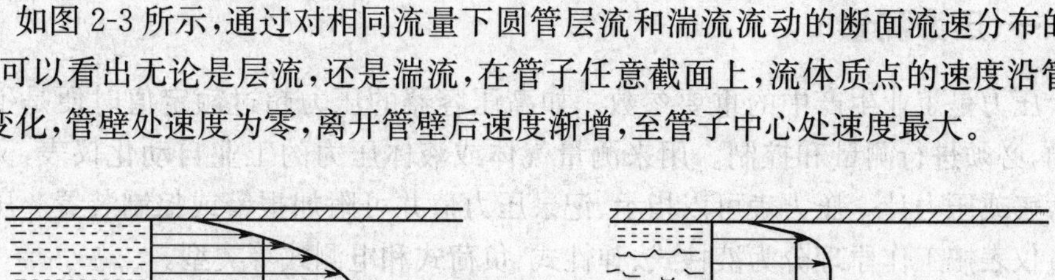

(a) 层流时的速度分布　(b) 湍流时的速度分布

图 2-3　流体在圆管内流动时的流速分布

需要指出的是，无论流体主体的湍动程度如何剧烈，在管壁附近总存着一个边界层。在这个边界层中，紧靠管壁的一层流体仍维持着层流流动，称为层流底层。层流底层的厚度与 *Re* 有关，*Re* 值越大，厚度越小。因此，层流底层的存在，对传热和传质过程都有重大影响。

四、减小流体阻力的途径

流体阻力可以分成直管阻力与局部阻力两类。直管阻力是流体流经一定管径的直管时，由于流体摩擦而产生的阻力。局部阻力是流体在流动中，由于管道某些局部障碍（如管道中的管件、阀门、流量计以及管径的突然扩大和缩小等）所引起的阻力。因此，可以通过以下几个方面减小流体阻力：

（1）尽可能地缩短直管长度，流体尽可能地走直线，减少一些不必要的阀门等管件。

（2）适当放大管径。

（3）降低流体的黏度。

（4）将粗糙管路换成光滑管路。

第四节　工业流体参数的测量

在制药生产中，为了正确地指导生产操作，保证产品质量和实现生产过程自动化，仅凭肉眼、感觉、经验来进行正确的操作和判断生产中的异常情况是不够的，还必须依靠各种仪器、仪表来实现对生产过程的控制。

一、压力测量

压力是工业生产中的重要参数。如高压容器的压力超过额定值时便是不安全的，必须进行测量和控制。用来测量气体或液体压力的工业自动化仪表，又称压力表或压力计。压力表可以指示、记录压力值并可附加报警或控制装置。压力测量仪表按工作原理分为液柱式、弹性式、负荷式和电测式等类型。

（一）液柱式压力计

液柱式压力测量仪表常称为液柱式压力计。它是以一定高度的液柱所产生的压力与被测压力相平衡的原理测量压力的。其结构形式如图 2-4 所示，大多是一根直的或弯成 U 形的玻璃管，其中充以工作液体（蒸馏水、水银和酒精），常见的有单管压力计、U 形管压力计。

因玻璃管强度不高并受读数限制，液柱式压力计所测压力一般不超过

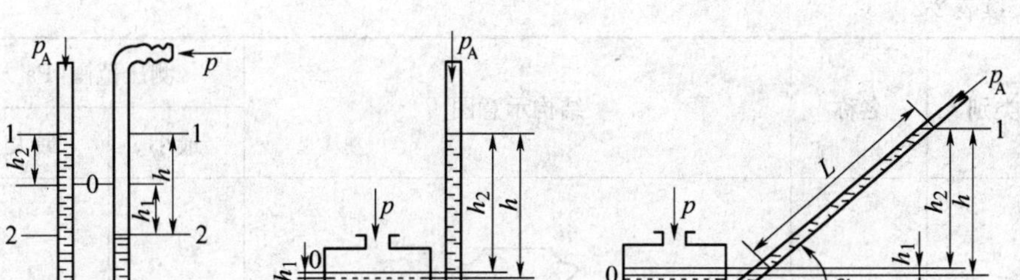

(a) U 形管压力计　(b) 单管压力计　(c) 倾斜式压力计

图 2-4　液柱式压力计示意图

0.3 MPa。液柱式压力计结构简单，灵敏度和精确度较高，常用于校正其他类型压力计，缺点是体积大、反应慢、难以自动测量。

(二)弹性式压力计

弹性式压力计利用各种不同形状的弹性元件在压力下产生变形的原理制成的压力测量仪表。由于弹性元件的结构和材料不同，其弹性位移与被测压力的关系见表 2-2。这类仪表的特点是结构简单，使用方便、结实耐用，测量范围宽(−0.1～1 500 MPa)，是压力测量仪表中应用最多的一种。

表 2-2　弹性元件的结构和特性

类别	名称	结构示意图	测压范围/Pa	
			最小	最大
薄膜式	平薄膜	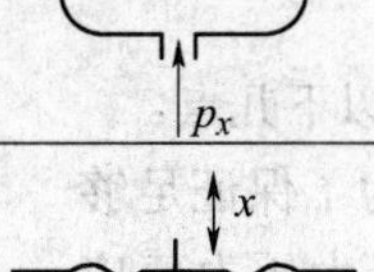	$0\sim10^4$	$0\sim10^8$
	波纹膜	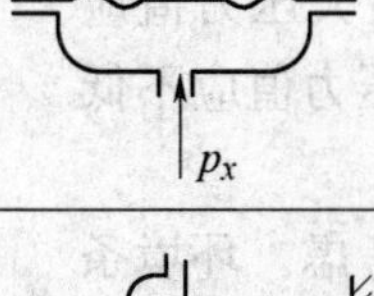	$0\sim1$	$0\sim10^6$
	挠性膜	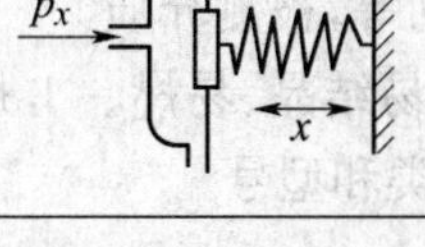	$0\sim10^{-2}$	$0\sim10^5$

续表 2-2

类别	名称	结构示意图	测压范围/Pa	
			最小	最大
波纹管式	波纹管	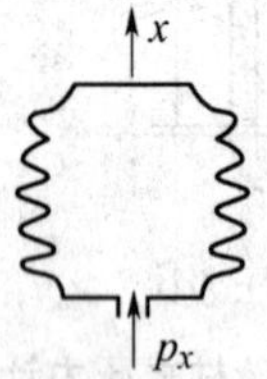	0～1	0～10^6
弹簧管式	单圈弹簧管	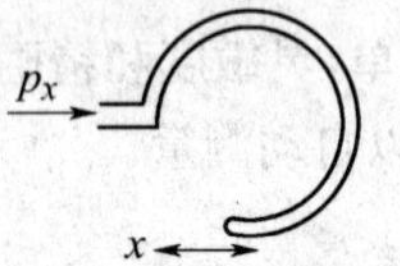	0～10^2	0～10^9
	多圈弹簧管	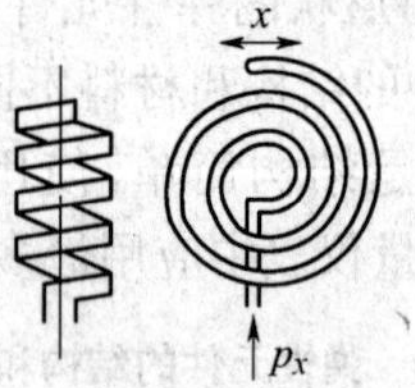	0～10	0～10^8

注：P，力；x，位移。

弹性式压力计中使用最广泛的是弹簧压力计，其结构如图 2-5 所示。它主要由弹簧管、齿轮传动机构、示数装置（指针和分度盘）以及外壳等组成。

使用弹性式压力计时应注意以下几点：

(1)合理选择压力表量程。为了保证足够的测量精度，在测稳定压力时，最大压力值应不超过满量程的 2/3，最低测量压力值应不低于全量程的 1/3。

(2)使用环境及介质性能的考虑。环境条件恶劣，如高温、腐蚀、潮湿、振动等，被测介质的性能，如温度的高低、腐蚀性、易结晶、易燃、易爆等，以此来确定压力表的种类和型号。

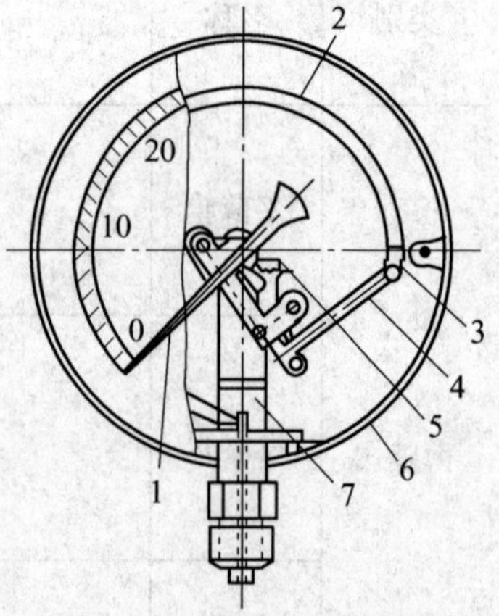

图 2-5 弹簧管压力计

1. 指针 2. 弹簧管 3. 接头 4. 拉杆 5. 扇形齿轮 6. 壳体 7. 基座

(3)压力表外形尺寸的选择。现场就地指示的压力表一般表面直径为 ϕ100 mm，在标准较高或照明条件较差的场合用表面直径为 ϕ200～250 mm 的压力表。

(4)精度选择。根据生产允许的最大测量误差，以经济、实惠的原则确定仪表的精度等级。一般工业用压力表 1.5 级或 2.5 级已足够，科研或精密测量用 0.5 级或 0.35 级的精密压力计或标准压力表。

(5)压力表应定期进行校验。

二、流量测量

流量测量仪表是用来测量管道中的液体、气体或蒸汽等流体流量的工业自动化仪表，又称流量计。流量的显示、调节、控制都必须通过流量计进行。流量测量仪表种类繁多。按测量方法，流量计可分为差压式、变面积式、容积式、速度式和电磁式等。

(一)差压式流量计

差压式流量计是应用非常广泛的一类流量测量仪表，约占流量测量仪表总数的 70%。如图 2-6 所示，它由节流装置和差压计两部分组成，充满圆管的流体流经节流件(如孔板)时，流束在孔板处形成局部收缩，由于流速增加、静压力降低而在孔板前后产生压差，这一压差与流量的平方成正比。

差压式流量计是在节流面积(如孔板流通面积)不变的条件下，以差压变化来反映流量的大小。其特点是结构简单，准确度高，易于操作，但流体流经孔板时能量损失较大，适于对流体做流量监测。

(二)变面积式流量计

变面积式流量计的主要形式是转子流量计，如图 2-7 所示。转子流量计是由锥形玻璃管和转子组成，转子能在垂直安装的锥形玻璃管内上下移动。被测流体自下向上流过管壁与浮子之间环隙时，托起转子向上，这时锥形玻璃管与转子之间的环隙面积增大，直到转子两边压差所形成的力与浮子重力相等时，浮子便处在一个平衡位置。

流量变化时转子两边压差所形成的力也随之变化，使转子又在一个新的位置上重新平衡，转子浮起的高度即为流量计的读数。

变面积式流量计无论转子处于哪个位置，其前后的压差是恒定的，是恒压降式流量计。其特点是结构简单，读数直观，使用维护方便，压力损失小，特别适宜低流速小流量的介质流量测量。

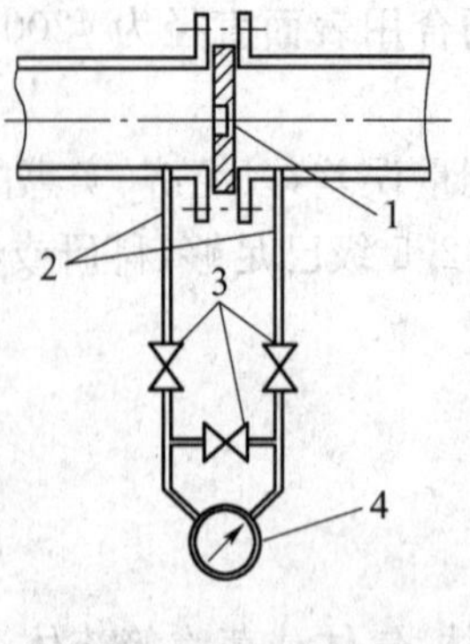

图 2-6 孔板流量计工作原理

1. 节流元件 2. 引压管路 3. 三阀组 4. 差压计

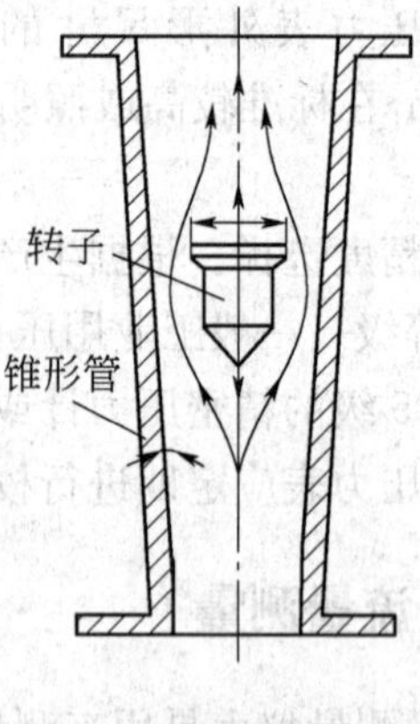

图 2-7 转子流量计工作原理

三、温度测量

温度是表征物体冷热程度的物理量。温度测量仪表是测量物体冷热程度的工业自动化仪表。一般的温度测量仪表都有检测和显示两个部分。在简单的温度测量仪表中，这两部分是连成一体的，如水银温度计；在较复杂的仪表中则分成两个独立的部分，中间用导线联接，如热电偶或热电阻是检测部分，而与之相配的指示和记录仪表是显示部分。

按测量方式，温度测量仪表可分为接触式和非接触式两大类。测量时，其检测部分直接与被测介质相接触的为接触式温度测量仪表；非接触温度测量仪表在测量时，温度测量仪表的检测部分不必与被测介质直接接触，因此可测运动物体的温度。例如常用的光学高温计、辐射温度计和比色温度计，都是利用物体发射的热辐射能随温度变化的原理制成的辐射式温度计。各种常用测温仪表的测温原理、基本特性见表 2-3。

表 2-3 常用测温仪表的分类及性能

（化工测量及仪表，范玉久，2002）

测量方式	仪表名称	工作原理	使用温度范围/℃	精度范围	特 点
接触式测温仪表	玻璃管温度计	液体热膨胀体积量随温度变化	−200～600 一般−100～600	0.1～2.5	结构简单，精度较高；读数不便；不能远传
	双金属温度计	固体热膨胀变形量随温度变化	−100～600 一般−80～600	1.0～2.5	结构简单，指示清楚，读数方便；精度较低，不能远传

续表 2-3

测量方式	仪表名称	工作原理	使用温度范围/℃	精度范围	特　点
接触式测温仪表	压力式温度计	气(汽)体、液体在定容条件下,压力随温度变化	0～600 一般 0～300	1.0～2.5	结构简单可靠,可较远距离传送(<50 m);精度较低,受环境温度影响较大
	热电偶温度计	热电效应	-269～2 800 一般 200～1 800	0.5～1.0	测温范围大,精度高,便于远传;低温测量精度较差
	热电阻温度计	金属或半导体电阻值随温度变化	-258～1 200 一般-200～650	0.5～3.0	测温精度高,便于远传;需外加电源
非接触式测温仪表	光学高温计	物体单色辐射强度及亮度随温度变化	200～3 200 一般 600～2 400	1.0～1.5	结构简单,携带方便,不破坏对象温度场;易产生目测主观误差,外界反射辐射会引起测量误差
	辐射高温计	物体全辐射能随温度变化	100～3 200 一般 700～2 000	1.5	结构简单,稳定性好,光路上环境介质吸收辐射,易产生测量误差

四、液位测量

液位是指液体在容器内液面的高低。液位测量的主要目的在于测知容器内液体物料的储量,以便对物料进行监控,保证顺利和安全生产。液位测量分为连续测量和位式测量两大类。连续测量是指连续不断地测量液位的变化情况,能实现连续测量的仪表有液位计或液位变送器。常用于测量液位的液位计有浮力式、静压式、电容式等。

(一)浮力式液位计

浮力式液位计包括恒浮力式和变浮力式两类。恒浮力式液位计是依靠浮标或浮子浮在液体中随液面变化而升降,它的特点是结构简单、价格较低,适于各种贮罐的测量;变浮力式亦称沉筒式液位计,如图 2-8 所示。当液面不同时,沉筒浸泡于液体内的体积不同,因而所受浮力不同而产生位移,并通过将机械位移转换为标准信号来测量液位。此类仪表能实现远传和自动调节。

(二)压力式液位计

压力式液位计是基于测压仪表所测压力高低来测量液位的原理,主要用于敞

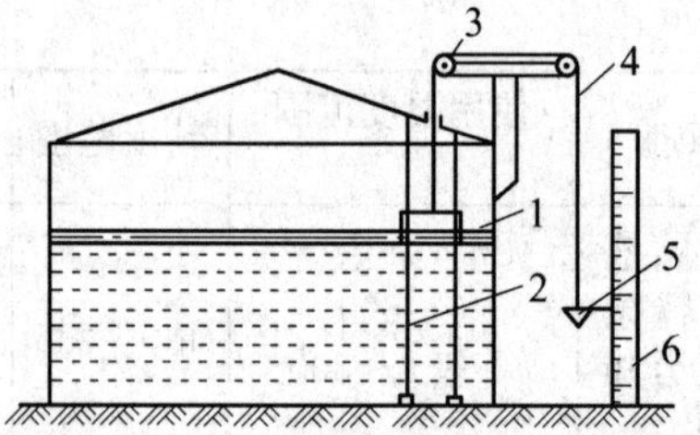

图 2-8 沉筒式液位计

1.浮标 2.导向称 3.滑车 4.钢丝绳 5.指针 6.标尺

口容器的液位测量。如图 2-9(a)所示,测压仪表(压力表或压力变送器)通过引压导管与容器底部相连,由测压仪表的指示便可知道液位的高度。若需要信号远传则可采用传感器或变送器。

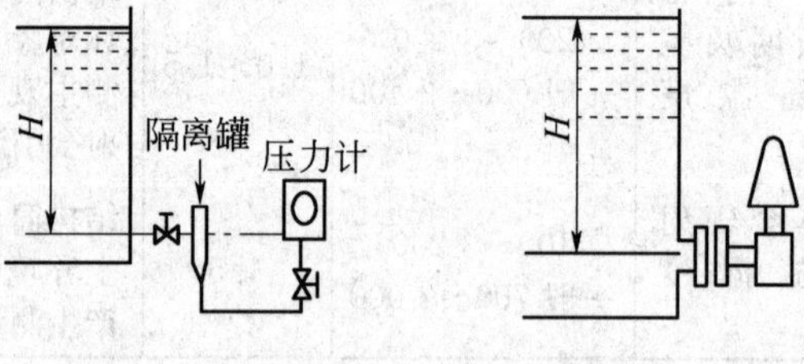

(a) 压力表测液位 (b) 法兰式压力变送器测液位

图 2-9 压力式液位计

这种方式适用于黏度较小、洁净液体的液位测量。当测量黏稠、易结晶或含有颗粒液体的液位时,由于引压导管易堵塞,不能从导管引出液位信号,可以采用图 2-9(b)所示的法兰式压力变送器测量液位的方式。

第五节 流体输送管路

在工业生产中,管路是由管子、各种管件和阀门等组合而成,是工业生产中不可缺少的部分。管路的主要作用是输送各种流体介质,使其在生产中按工艺要求流动,以完成各个单元操作过程。因此,只有正确地安装与使用管子、管件及阀门,才能保证生产的连续进行。

工业管路大体上分为两种:凡直接为产品生产输送物料的管道称为工艺管路;凡用于输送动力媒介物质的管路称为动力管路,如热力管路、压缩空气管路、氧气管路、乙炔管路、燃气管路、燃油管路等。本节重点介绍工艺管路的相关内容。

一、管子

(一)公称直径与公称压力

公称直径　又称公称通径，是各种管子与管路附件的通用口径，用符号 DN 表示。公称直径的单位可用公制 mm 表示，也可用英制 in 表示。

在工业生产中，由于用途不一，需要多种不同外径的管子。同一外径的管子，由于壁厚不一，其内径也就不同，再加上管道系统需要多种直径相应的管路附件(包括管件、阀门、法兰等)，这样，管子和附件的直径尺寸就相当多，就给制造、设计和施工造成了不便。因此，必须对管子和管路附件实行标准化。

公称直径的意义是指同一规格的管子、管路附件具有通用性、互换性，且可相互连接，现行的管子与管路附件的公称直径按 GB/T 1047—1995 规定取用。公称直径是有缝钢管、铸铁管、混凝土管等管子的标称，但无缝钢管不用此表示法。

公称压力　是一个用数字表示的与压力有关的标示代号，用符号 PN 表示，是供参考用的方便的圆整数。同一公称压力 PN 值所标示的同一公称直径的所有管路附件具有与端部连接型式相适应的同一连接尺寸。

公称压力的确定不仅要根据最高工作压力，还需根据最高工作温度和材质特性，而不仅仅只需满足公称压力大于工作压力。

(二)常用管子

常用管子按照所用材料可分为金属管、非金属管和复合管，其中以金属管占绝大部分。复合管是指金属与非金属两种材料组成的管子。工业生产中常用管子的分类及特点见表 2-4。

表 2-4　常用管子的分类及特点

种类及名称			结构特点	用途
金属管	钢管	有缝钢管	由卷成管形的钢板以对缝或螺旋缝焊接而成，又称焊接管，其规格用公称直径表示(毫米或英寸)。主要有水管和煤气管，分镀锌管和黑铁管。其特点是易于加工制造，价格低	用于输送低压流体，如水、煤气
		无缝钢管	用钢锭或实心管坯经穿孔制成毛管，然后经热轧、冷轧或冷拨制成，其规格用“外径×壁厚”毫米数表示	广泛用于各种压力和温度下流体的输送

续表 2-4

种类及名称			结构特点	用途
金属管		铸铁管	与钢管相比造价低、耐腐蚀性好，但强度低、气密性差	常用于埋在地下的低压供水总管、煤气总管和污水管
	有色金属管	紫铜管与黄铜管	由紫铜或黄铜制成，导热性能好，延展性好，易于弯曲成型	主要用作传热设备、制氧设备中的低温管路、机械设备中油管和控制系统的管路
		铅管	抗腐蚀性好，但机械强度差，硬度低，不耐磨	主要用于硫酸及稀盐酸的输送
		铝管	导热性好，塑性高，耐腐蚀性好，强度较差，其耐酸性主要由其纯度决定，但耐碱性差	广泛用输送浓硫酸、浓硝酸等
非金属管			非金属管是用各种非金属材料制作而成的管子的总称，主要有玻璃管、水泥管、陶瓷管、塑料管和橡胶管等。具有良好的耐腐蚀性能以及重量轻、价格低、容易加工，但其机械性能和热稳定性较差	

二、管件

管件又名异形管，是管路安装中的连接配件，用于管路变径、引出分支、改变管路走向、管路末端封堵等。常用管件如图 2-10 所示。

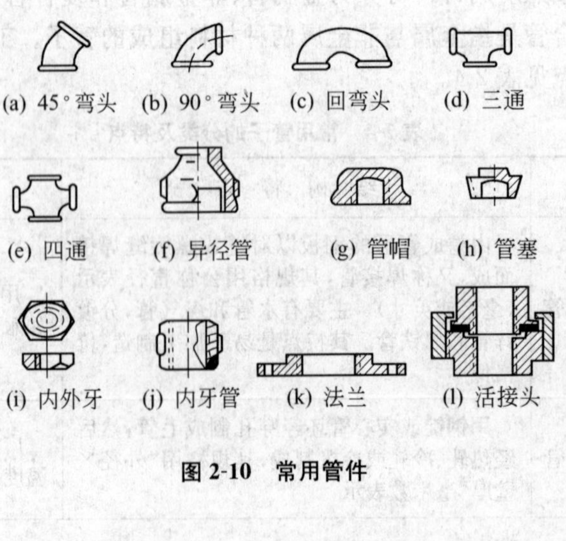

图 2-10 常用管件

三、阀门

阀门是流体输送系统中的控制部件，具有截断、调节、导流、防止逆流等功能。阀门可以控制液体、气体、气液混合体或固液混合体等流体的流动。阀门通常由阀体、阀盖、阀座、启闭件、驱动机构、密封件和紧固件等组成，如图 2-11 所示。阀门的控制功能是依靠驱动机构或流体驱使启闭件升降、滑移、旋摆或回转运动以改变流道面积的大小来实现的。

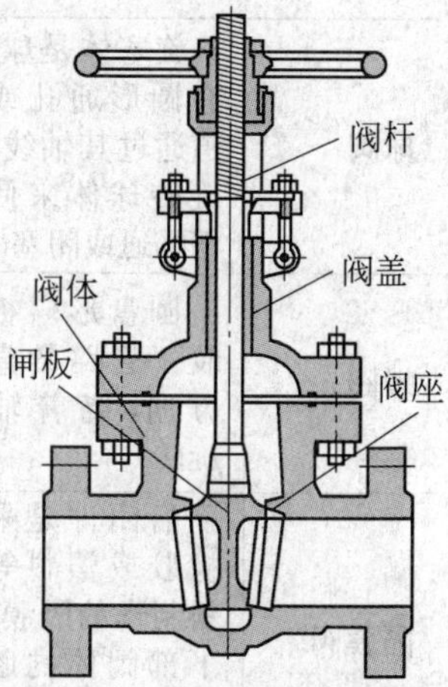

图 2-11　阀门的基本结构

(一)阀门的分类及用途

目前国际、国内最常用的分类方法是既按原理、作用又按结构划分，一般分为闸阀、截止阀、节流阀、仪表阀、柱塞阀、隔膜阀、旋塞阀、球阀、蝶阀、止回阀、减压阀、安全阀、疏水阀、调节阀、底阀、排污阀等。工业生产中常用阀门结构特点及用途见表 2-5。

表 2-5　常用阀门结构特点及用途

阀门名称	基本结构与原理	特　点	用　途
闸阀	闸板的运动方向与流体方向相垂直达到开启和关闭	全闭时密封性能好，全开时流体阻力小，且有一定的调节性能；结构复杂，外形尺寸和开启高度都较大，开启缓慢且费劲，安装所需空间较大。闸阀一般都有两个密封面，开闭过程中，密封面间有相对摩擦，容易引起擦伤现象，给加工、研磨和维修增加困难	用于大直径管路上作启闭阀，在小直径管路中也有用作调节阀的；不宜用于含有固体颗粒的介质
截止阀	塞形的关闭件(阀瓣)沿阀座中心线移动	密封性好，在开闭过程中密封面的摩擦力比闸阀小，耐磨，开启高度小，调节性能好；结构复杂，流体阻力损失较大，开启与关闭缓慢	不宜用于带颗粒、黏度较大、易沉淀的介质
旋塞阀	关闭件(塞子)绕阀体中心线旋转来达到切断、分配和改变介质流动方向	结构简单，开闭迅速(塞子旋转四分之一圈就能完成开闭动作)，操作方便，流体阻力小；不适于调节流量，旋转比较费力	主要用于低压，小口径和介质温度不高的情况下

续表 2-5

阀门名称	基本结构与原理	特　　点	用　　途
球阀	旋塞体是球体，有圆形通孔或通道通过其轴线，靠旋转球体来使阀门畅通或闭塞	结构简单，外形尺寸小。启闭方便迅速，体积小，重量轻，零部件少，流体阻力小，低压密封性好；不能作调节流量用	适用于低温、高压及黏度较大的介质和要求开关迅速的部位
蝶阀	圆盘形蝶板安装于管路的直径方向，绕着轴线旋转	结构简单，体积小，流体阻力小；使用压力和工作温度范围小，密封性能相对于球阀、截止阀较差	可用于含悬浮固体颗粒的介质，适用于大口径管路中
隔膜阀	启闭件是采用橡胶或塑料等材料制作的隔膜，把下部阀体内腔与上部阀盖内腔隔开	阀杆不与流体接触，具有良好的防腐蚀特性，密封性能好；调节性能相对较差，不宜用于较大的管径	适合含有腐蚀性或悬浮颗粒的介质，适用于低压和低温的场合
止回阀	阀体内有一盖板，流体顺流时打开，流体倒流时关闭	结构简单，流体阻力较小，安装维修方便	适用于不允许介质作反向流动的管路
节流阀（又称针形阀）	阀芯呈针形或圆锥形，通过改变阀芯与阀座之间通道面积达到控制或调节介质流量与压力	体积小，密封性能好；流体流速大时，易冲蚀密封，不宜做隔断阀	适用于温度较低、压力较高的介质和需要调节流量、压力的管路上

(二)阀门的选用方法

阀门的基本参数是工作压力、工作温度和口径。对于大量使用于工业管路的各种阀门，常用公称压力和公称直径作为基本参数。

阀门根据其种类和用途有不同的要求，主要有密封、强度、调节、流通、启闭等性能。密封性能和强度性能是一切阀门最基本、最重要的性能。选用阀门的方法如下：

(1)根据管路介质特性、工作压力和温度，选择阀体材料。

(2)根据公称压力、介质特性和温度，选择密封面材料。

(3)根据管路的介质工作压力和温度，确定阀门的公称压力。

(4)由管路的管径计算值，确定阀门的公称直径。一般阀门的公称直径等于管路的公称直径。

(5)根据阀门的用途和生产工艺条件要求，选择阀门的驱动方式。

(6)根据管路的连接方式和阀门公称直径，选择阀门的连接形式。

(7)根据阀门的公称压力、介质特性和工作温度以及公称直径等，确定阀门类型、结构形式及型号。

(三)阀门的安装与操作

许多阀门具有方向性，例如截止阀、节流阀、减压阀、止回阀等，如果装倒、装反，就会影响使用效果与寿命(如截止阀)，或者根本不起作用(如减压阀)，甚至造成危险(如止回阀)。通常，在阀体上有方向标志，如果没有，则应根据阀门的工作原理，正确做出判断。

阀门安装的位置，必须方便操作。安装高度为 1.2 m(即阀门手轮与胸口取齐)时，开闭阀门比较省劲。要避免仰脸操作，尤其是酸碱、有毒介质等管路的开闭操作。

手动阀门是使用最广的阀门，它的手轮或手柄是按照普通的人力来设计的，考虑了密封面的强度和必要的关闭力。因此不能用长杠杆或长扳手来扳动，以免损坏密封面，或扳断手轮、手柄。启闭阀门，用力应该平稳，不可冲击。对于蒸汽阀门，开启前应预先加热，并排除凝结水，开启时应尽量徐缓，以免发生水击现象。当阀门全开后，应将手轮倒转少许，使螺纹之间严紧，以免松动损伤。

四、管路的连接

管路的连接包括管子与管子的连接，管子与各种管件、阀门及设备接口等处的连接。管路的连接方式因它采用的管子材质而异，目前普遍采用的连接方式有法兰连接、焊接、承插连接及螺纹连接等，如图 2-12 所示。

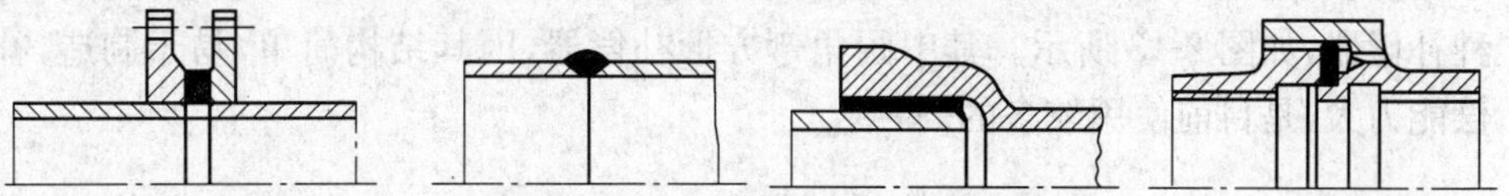

(a) 法兰连接　(b) 焊接　(c) 承插连接　(d) 螺纹连接

图 2-12　管路的连接方式

法兰连接　就是把垫片放在固定于两管口上的一对法兰中间，然后用螺栓拉紧使其接合起来，成为一种可拆卸的接头。比较常用的垫片材料有石棉板、橡胶或软金属片等。安装法兰时要求两个法兰保持平行，法兰的密封面不能碰伤，并且要清理干净。

法兰连接的优点是拆装方便，强度高，密封性能好，适用的温度、压力、管径的范围大。其缺点是价格稍高。法兰连接主要用于各种金属管、衬胶管、非金属管和法兰阀门等的连接，工艺设备与管子的连接也都采用法兰连接。

焊接　是一种不可拆卸的连接结构。它是用焊接的方法将管子和各管件直接连成一体。这种连接密封非常可靠，结构简单，便于安装，但给清理检修工作带来不便。凡是不需要拆装的地方，应尽可能采用焊接；所有的压力管路，如煤气、蒸汽、压缩空气及真空管路应尽量采用焊接。

承插连接　常用于地下或沿墙铺设的给排水管，如铸铁管、陶瓷管和水泥管等管路的连接。连接时管子的一端（尾部）插入另一根管子的头部（承插口），然后在连接处环隙内用密封填料，如石棉水泥、水泥砂浆或沥青等密封。

承插连接方式的优点是安装比较方便，允许两个管段的中心线有少许偏差。缺点是难以拆卸，不耐高压。

螺纹连接　也称丝扣连接，是借助于带有螺纹的管件将两根管子连接起来的一种连接方式。为了保证连接处的密封，通常在螺纹连接处缠以涂有油漆的麻丝、石棉线、聚四氟乙烯薄膜（俗称生料带）等填料。

螺纹连接的优点是拆装方便，密封性能比较好，但可靠性没有法兰连接好。常用于管径较小，压力和使用温度不高的水煤气管路。

五、管路的热补偿

工业管路的两端是固定的，当温度发生较大的变化时，管路会因管子的热胀冷缩而承受压力或拉力，严重时将造成管子弯曲、断裂或接头松脱。因此必须采取措施消除这种应力，这就是管路的热补偿。热补偿的方法主要有两种：一是依靠弯管的自然补偿，通常，当管路转角不大于 150°时，可利用管路本身的弹性变形，起到一定的补偿作用；二是利用补偿器进行补偿，主要有方形、波形及填料三种补偿器，如图 2-13 所示。其中圆角弯方形补偿器，因其结构简单，易于制造，补偿能力大，是目前使用较多的一种。

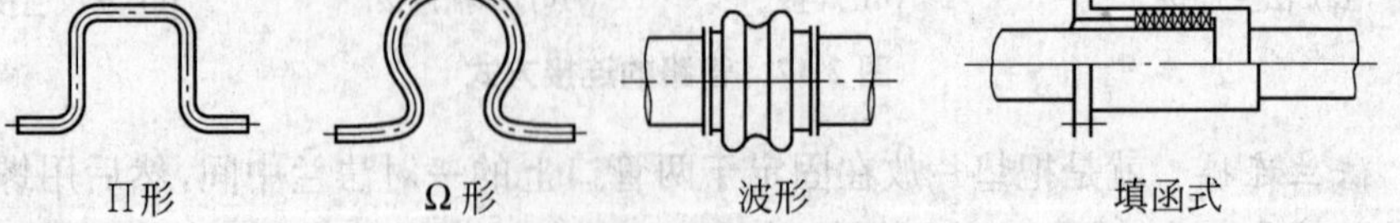

图 2-13　管路补偿器

六、管路的保温与涂色

(一)管路的保温

工业管路输送的流体多种多样,温度有高有低。凡要求输送的流体温度保持稳定,尽量减少热(冷)量损失;或当外界温度降低时,流体容易结晶、凝结;外界温度升高时,液体容易蒸发的管路都应进行保温。同时,保温还能减少因凝结的液体积聚而造成的腐蚀,防止发生被管子烫伤事故,降低室温,改善操作环境。

管路保温材料采用导热性能差的材料,如毛毡、石棉、玻璃棉、矿渣棉、珍珠岩预制件和石棉水泥制品。管路保温层厚度要由传热计算确定。

为了保证保温材料均匀牢固,必要时缠玻璃布或加薄铁皮外壳,以保护保温材料免受雨水浸泡而影响保温效果。

(二)管路的涂色

为了方便操作者区别各种类型的管路,常常在管外(保护层外或保温层外)涂上不同的颜色,称为管路的涂色。涂色的方法有两种:一是整个管路均涂上一种颜色(涂单色);二是在底色上涂刷 150 mm 宽的色环或用基本识别色胶带缠绕 150 mm 宽的色环,色环间距视管径大小,一般为 5～40 m。

管路涂色采取基本识别色和识别符号同时使用的方法。基本识别色用于识别管路内流体的种类和状态,识别符号用于识别管路内流体的性质、名称和流向。如流体流向用对比明显的白色或黑色在基本识别色上或基本识别色色环附近的管路涂刷指向箭头。管路基本识别色及含义见表 2-6。

表 2-6　管路基本识别色及含义

涂色	介质名称	涂色	介质名称
绿色	水	红色	蒸汽
棕色	易燃液体、矿物油	黄褐色	气态或液态气体(空气、氧气外)
紫色	酸	粉红色	碱
浅蓝色	空气或氧气	黑色	其他液体
白色	真空	红色	物料

七、管路布置的基本原则

管路布置是一个较为复杂的问题,首先要统一协调工艺和非工艺管路的布局,然后按工艺流程并结合设备布局、土建情况等布置工艺管路。在满足工艺、安装、检修、安全、整齐、美观等要求的前提下,使投资最省。这里仅介绍几条基本原则：

(1)应合理安排管路，使管路与墙壁、柱子、场地、其他管路等之间应有适当的距离，并尽量采用标准件，以便于安装、操作、巡查与检修。

(2)管路尽量架空铺设，平行成列走直线，少拐弯、少交叉，以减少管架的数量；并列管线上的阀门应尽量错开排列；从主管上引出支管时，气体管从上方引出，液体管从下方引出。

(3)输送有毒或有腐蚀性介质的管路不得在人行道上空设置阀体、伸缩器、法兰等，若与其他管路并列时应在外侧或下方安装。

(4)输送易燃、易爆介质的管路不应铺设在生活间、楼梯和走廊等处；易燃易爆及有毒介质的放空管应引至室外指定地点或高出地面 2 m 以上。

(5)管路铺设应有坡度，以免管内或设备内积液，坡度方向要根据介质流动方向和生产工艺特点确定。

(6)对于温度变化较大的管路要采取热补偿措施，有冷凝水的管路要安疏水器，有气体积聚的管路要设置气体排放装置。长距离输送蒸汽的管路要在一定距离处安装疏水器，以排除冷凝水。

(7)管路安装完毕后，应按规定进行强度和严密性试验；未经试验合格，在焊接及其他连接处不得涂漆和保温；管路在第一次使用前需用压缩空气或惰性气体进行吹扫。

【技能训练】

管路拆装操作训练

★训练目标

熟悉可拆式组装管路的安装过程，并掌握其安装技术。

★训练准备

(1)了解管路的连接方式。

(2)了解阀门的安装方法。

(3)液体输送装置管路如图 2-14 所示。

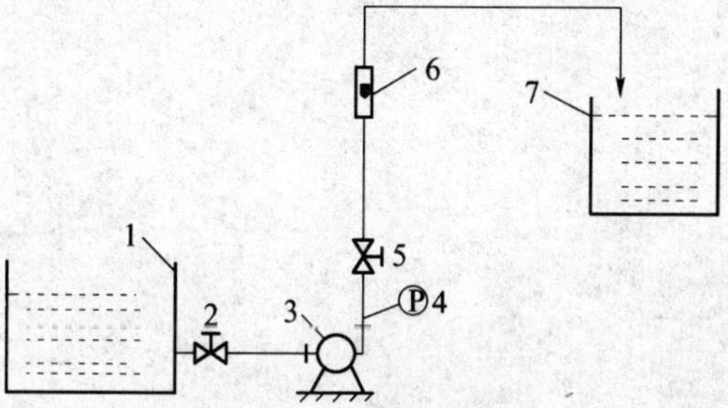

图 2-14　管路拆装实训图

1. 水箱　2. 进口阀　3. 泵　4. 压力表　5. 出口阀　6. 转子流量计　7. 高位水箱

★操作步骤

管路安装 ⇨ 法兰连接 ⇨ 螺纹连接 ⇨ 阀门安装 ⇨ 水压试验

★操作注意事项

(1)注意检查管路中心线的偏差，做到及时校正。

(2)法兰安装时同心度应符合要求。

(3)阀门安装时应把阀门清理干净，并注意介质流向。

(4)安装中要注意安全。

★思考与分析

(1)管路布置和安装的原则有哪些？

(2)法兰常用的垫片材料如何选用?

(3)解决管路热应力的方法有哪几种?

★拓展训练

压力表的安装。

第三章　液体搅拌

知识目标

- 理解搅拌的流型、搅拌混合的机理。
- 熟悉搅拌器的安装形式及在生产中的应用。
- 掌握工业生产中常用搅拌器的结构及性能。

能力目标

- 能够熟练操作搅拌釜式反应器。

在现代制药工业生产中，流动的物料不再只是一些低黏度的牛顿型流体，许多高黏度流体也常常遇到，这就需要借助搅拌装置来完成传热或传质操作。而用机械的或流体动力的方法，使液体发生某种方式的循环流动，从而使物料混合均匀或使物理、化学过程加速的操作称为液体搅拌。它涉及的范围有混合、分散、溶解、结晶、萃取、吸收、传热与化学反应等过程。

第一节　概　述

在制药工业生产中，因搅拌设备操作条件（如浓度、温度、停留时间等）的可控范围较广，又能适应多样化的生产过程，使搅拌设备得到广泛应用。

一、液体搅拌的目的

搅拌操作中所涉及的介质可能是液体、气体和固体，但以液体为主。搅拌既是一种独立的流体力学范畴的单元操作，又是完成其他单元操作的必要手段。概括起来，搅拌设备的操作目的主要表现为以下三个方面：

（1）使被搅拌物料各处达到均质状态，包括互溶液体的混合、不互溶的两种液体混合、气体在液体中的均匀分散、固体颗粒在液体中的均匀悬浮。

（2）强化传质过程。强化两相间接触面积，降低分散相周围液膜阻力，提高传质系数。如在溶剂萃取过程中，为了增大液—液两相间的界面，实现相间传质，可通过搅拌来完成。

(3)强化传热过程。增大液体对壁面的相对速度,提高对流传热系数;加强冷、热流体之间的混合。

以上几种情况是工业生产中常见的。在实际的搅拌操作过程中,常常同时要达到好几种目的。搅拌之所以能达到以上几种目的是因为物料在搅拌作用下相互掺和,形成具有某种均匀程度混合的缘故。

二、搅拌的基本流型

液体具有流动性和不可压缩性。在搅拌器的旋转作用下,把机械能传给液体,在搅拌器附近区域的液体中形成高度的湍动,同时产生一股高速射流推动全部液体沿着一定途径在设备内作循环流动,这种流动称为液体的"流型"。搅拌设备内的流型取决于搅拌方式,搅拌器、釜、挡板等的几何特征,流体性质以及转速等因素。在一般情况下,搅拌产生的流型有径向流型、轴向流型和因在容器侧壁加设挡板等阻挡物引起液流方向变化而形成的各种混合流型,而搅拌叶轮的几何形状对流型的影响最大。

所谓径向流型,如图 3-1(a)所示,它类似于涡流式水泵叶轮。液体流动的方向垂直于搅拌轴,沿径向流动,碰到容器壁面分成两股流体分别向上、向下流动,再回到叶端,不穿过叶片,形成上、下两个循环流动。

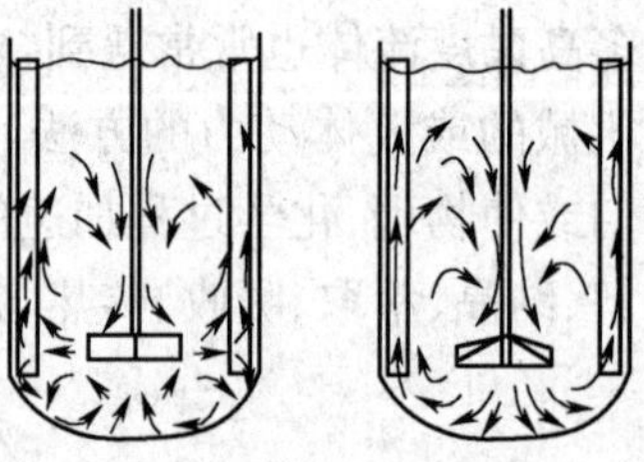

(a) 径向流　　(b) 轴向流

图 3-1　搅拌的基本流型

所谓轴向流型,如图 3-1(b)所示,它类似轴流式风机。液体流动方向平行于搅拌轴,流体由叶轮推动,使流体向下流动,遇到容器底面再翻上,形成上下循环流。

三、搅拌混合机理

液体搅拌的目的是使被搅拌的各种物料能够充分混合,但不同类型搅拌过程的流动状况及对搅拌的要求均不同。各种物料在搅拌设备中的混合程度,取决于待混物料的比例、物理状态和特性,以及所采用搅拌器的类型和搅拌操作持续的时间等因素。

在搅拌过程中,搅动引起部分液体流动,流动液体又推动其周围的液体,结果在搅拌罐内形成循环液流,由此产生的液体之间的扩散称为主体对流扩散。当搅动引起的液体流动速度很高时,在高速液流与周围低速液流之间的界面上出现剪切作用,从而产生大量的局部性漩涡。这些漩涡迅速向四周扩散,又把更多的液体卷进漩涡中来，在小范围内形成的紊乱对流扩散称为涡流扩散。机械搅拌器的运动部件在旋转时也会对液体产生剪切作用。液体在流经器壁和安装在罐内的各种固定构件时也要受到剪切作用。这些剪切作用都会引起许多局部涡流扩散。搅拌引起的主体对流扩散和涡流扩散，增加了不同液体间分子扩散的表面积、减少了扩散距离，从而缩短了分子扩散的时间。若待混液体的黏度不高，可以在不长的搅拌时间内达到随机混合的状态；若黏度较高，则需较长的混合时间。

对于密度不同、成分不同、互不相溶的液体，搅拌产生的剪切作用和强烈的湍动将密度大的液体打碎成小液滴，并使其均匀地分散到主液体中。而当少量不溶解的粉状固体与液体混合时，搅拌不能改变粉状固体的粒度。若混合前固体颗粒不能使其沉降速度小于液体的流动速度，则无论采用何种搅拌方式都形不成均匀的悬浮液。

四、典型机械搅拌设备

搅拌设备是一种在一定压力和温度下，借助搅拌器将一定容积的两种(或多种)液体以及液体与固体或气体物料混匀，促进其反应的设备。搅拌设备的基本结构如图 3-2 所示，主要包括搅拌罐、搅拌装置、密封装置三大部分。

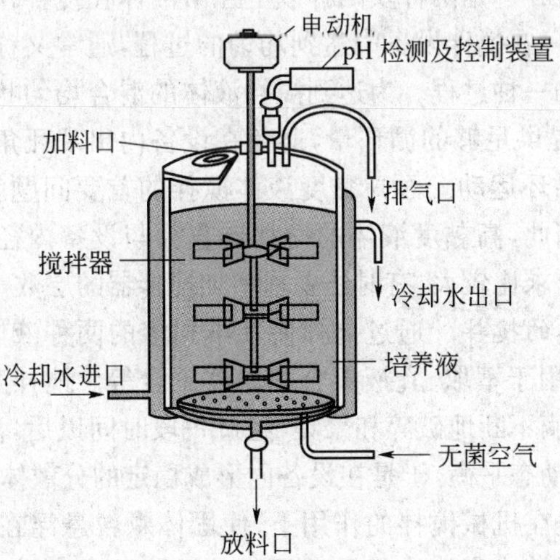

图 3-2　典型搅拌设备

搅拌罐常被称作搅拌釜(或搅拌槽)，当用作反应器时，又被称为搅拌釜式反应器，有时简称反应釜。搅拌罐由封头、筒体和传热装置三部分组成，多为中、低压压力容器。封头常采用椭圆形封头、锥形封头和平盖，其中椭圆形封头应用最广。筒体通常为立式圆筒形，其高径比值主要依据操作时容器装液高径比以及装料系数大小而定。根据工艺需要，罐体上装有各种接管，以满足进料、出料、排气等要求。设置传热装置的目的是便于加热或冷却物料。

搅拌装置由搅拌器、搅拌轴、传动装置组成。传动装置又由电动机、减速器、联轴器及机座等组成。搅拌轴将来自传动装置的动力传递给搅拌器，在大多数搅拌设备中，搅拌轴只有一根，且搅拌器以恒定的速度向一个方向旋转。搅拌器又被称作叶轮或桨叶，它是搅拌设备的核心部件，其作用使搅拌罐内物料均匀混合、强化搅拌罐内的传热和传质过程。

密封装置是搅拌设备的重要组成部分。由于搅拌轴是运动的，而罐体封头是静止的，在搅拌轴伸出之处必须进行密封。通常，密封装置采用填料密封或机械密封，其作用是防止罐内介质泄漏或外界空气进入罐内。

五、搅拌器在单元操作中的应用

在现代工业生产中，流体混合工艺占有很重要的地位。虽然搅拌混合处理的工艺过程可能多种多样，但从流体混合的角度来看，它们都属于下列四种情况中的一种或者多种组合：

1. *互溶液体的搅拌*　是两种及两种以上互溶液体在搅拌作用下，其物理状态（浓度、密度及温度等）在搅拌设备中达到均匀的过程，通常又称为混匀过程，它是搅拌过程中最基本的一种过程。为达到搅拌液体的混合均匀状态，低黏度互溶液体的搅拌首先要求提供足够的循环量，避免在设备内出现死角，使所有搅拌液体都能产生快速对流循环运动。而高黏度液体搅拌的首要问题就是要解决流体流动与循环的问题。因此，高黏度液体的搅拌器直径与设备内径之比、叶轮的宽度与设备内径之比都要求比较大，有时还要求增加搅拌器的层数，以增大搅拌范围。

2. *互不相溶液体的搅拌*　通过搅拌使互不相溶的两种液体进行分散是一个重要的单元操作，常用于萃取、乳液聚合和悬浮聚合等。搅拌互不相溶的液液两相时，在连续相内液滴不断地破碎和聚集，经过一段时间以后，液滴的破碎速率和聚集速率相等，达到动态平衡，于是在设备内形成稳定的分散体系。

3. *固液悬浮*　是在机械搅拌的作用下，使固体颗粒悬浮在液体中，形成固液混合或悬浮液。其搅拌难度取决于悬浮颗粒的沉降速度。悬浮程度与颗粒的沉降速度成反比，即搅拌转速越高，直径越大，颗粒的沉降速度越小，获得的搅拌程度越高。

4. *气液分散*　在气—液分散体系中，要求气体与液体进行充分且有效的接触，以利于对气体的吸收。搅拌罐内的气体分散大致有以下几个状态：气泛状态

(大部分气体未分散,气泡沿搅拌轴直接上升到液面)、载气状态(气体基本得到分散,分布器以下分布不良)和完全分散状态(例如对于通气式机械搅拌发酵罐,无菌空气通过位于搅拌器下方气体分布器被送入罐内,在搅拌器的作用下,气体被剪切成细小的气泡,从而使气体被充分分散,最大限度地增加气液接触面积)。

第二节　搅　拌　器

搅拌操作可分为机械搅拌和气流搅拌。与机械搅拌相比,气流搅拌的作用比较弱,尤其对于高黏度液体,气流搅拌很难适用。因此,在实际生产中,搅拌操作多采用机械搅拌。

一、搅拌器的类型

搅拌器是实现搅拌操作的主要部件,其结构类型对搅拌操作的效果有很大的影响。搅拌器的类型从不同角度,可有不同的分类方法。

按照叶轮对流体作用所产生的流动型态来分,可将搅拌器分成两种类型,即轴向流搅拌器和径向流搅拌器。有些搅拌器在旋转时,流体既产生轴向流又产生径向流的称为混合流型搅拌器。推进式搅拌器是轴流型的代表,平直叶圆盘涡轮搅拌器是径流型的代表,而斜叶涡轮搅拌器是混合流型的代表。

按照叶轮的形状来分,搅拌器可分为平直叶搅拌器、折叶搅拌器和螺旋面叶搅拌器。桨式、涡轮式、框式、锚式等的叶轮属于平直叶或折叶,而螺旋桨式、螺杆式、螺带式的叶轮属于螺旋面叶。

按照用途来分,搅拌器可分为小面积叶片高速运转的搅拌器,属于这种类型的搅拌器有涡轮式、螺旋桨式等,多用于低黏度的物料;大面积叶片低速运转的搅拌器,属于这种类型的搅拌器有锚式、框式、螺杆式、螺带式等,多用于高黏度的物料。

按搅拌任务来分,搅拌器可分为液体混合或乳化、固体颗粒悬浮、气—液接触、化学反应、传热等。

二、常用搅拌器的结构与性能

由于搅拌操作的目的不同,搅拌器在构造、性能等方面存在着差异,每一种结构的搅拌器都只对某一种或几种搅拌操作有良好的效果,任何一种搅拌器不可能适合所有类型的搅拌操作。但无论何种形式,其作用就是向搅拌设备内物料提供循环和剪切。

(一)螺旋桨式搅拌器

螺旋桨式搅拌器又称推进式搅拌器，由 2～3 片螺旋叶轮构成，其螺距与叶轮直径相等，其叶片形式类似于轮船上的螺旋桨，如图 3-3 所示。常为整体铸造，采用焊接时，模锻后再与轴套焊接，加工较困难。搅拌时，液体由叶轮上方吸入，而由下方以圆筒状螺旋形排出，液体至容器底再沿壁面返至叶轮上方，形成轴向流动，其工作状态如图 3-4 所示。

图 3-3 螺旋桨式搅拌器

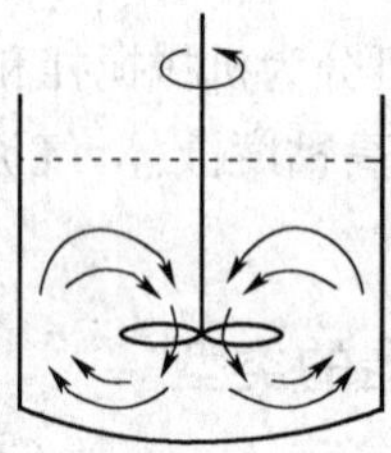

图 3-4 螺旋桨式搅拌器的工作状态

螺旋桨式搅拌器可从搅拌罐的中心沿轴线安装，也可使其从搅拌罐的侧面或从顶部的侧向进入。当在搅拌罐壁上不安装挡板时，采用使推进式搅拌器从侧向进入的方式将能起到更好的搅拌效果。但侧向安装搅拌器一般在设备结构上较为复杂，可能会增加设备制造、安装的难度，同时增大了制造成本。因此，在生产应用时，一般仍采用从搅拌罐的中心沿轴线安装的方式。这时，如罐内无挡板，罐内液体易形成漩涡而影响两种液体的混合。为了获得更好的搅拌效果，可在搅拌罐的内壁安装挡板，并使其满足全挡板条件。

推进式搅拌器结构简单，制造方便，搅拌时液体的湍流程度不高，循环量大。但由于采用铸造方法制作，规格少，精度相对不高，且无法大型化，适用用于黏度低、流量大的场合，对制备悬浮液和乳浊液等较为理想。

(二)涡轮式搅拌器

涡轮式搅拌器又称透平式叶轮，是应用较广的一种搅拌器，在液体中的操作情况类似一个不带外壳的离心泵叶轮。如图 3-5 所示，涡轮式搅拌器有开启式和圆盘式两种，每类又可分为平直叶、折叶、后弯叶三种。开启式涡轮常用的叶片数为 2 叶和 4 叶，圆盘式以 6 片最常见。搅拌叶一般与圆盘焊接(或以螺栓连接)，圆盘则焊在轴套上。搅拌器用轴套以平键和销钉与轴固定。

搅拌时，液体经涡轮叶片沿驱动轴吸入，它主要产生径向液流，液体以高速向涡轮四周抛出，再沿罐壁上升流动，其工作状态如图 3-6 所示。

(a)开启式涡轮搅拌器　　(b) 圆盘式涡轮搅拌器

图 3-5　涡轮式搅拌器

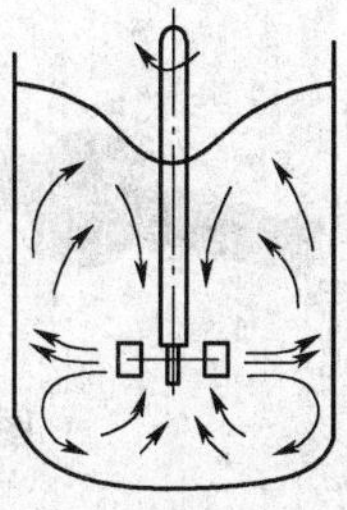

图 3-6　涡轮式搅拌器的工作状态

涡轮搅拌器的主要特点是当能量消耗不大时，搅拌效率较高。有较大的剪切力，可使液体微团分散得很细，能有效地完成几乎所有的搅拌操作，并能处理黏度范围很广的液体。就开启式和圆盘式相比较而言，其构造上差异造成开启式比圆盘式循环流量更大，轴向混合效果更好。

由于在没有挡板的情况下，开启式涡轮搅拌器主要使液体形成径向流，但液体的流动状态不利于混合。

故如采用这种搅拌器时，一般应在搅拌槽内安装挡板且满足全挡板条件。

圆盘涡轮式搅拌器因其圆盘部分可阻挡气体直接上升，延长气体在液相中的停留时间。同时，该搅拌器具有较高的容积循环速率和剪切率，从而有利于气泡的粉碎。因此，圆盘涡轮式搅拌器用于气液相搅拌效果最好。

(三)桨式搅拌器

桨式搅拌器是搅拌器中结构最简单的一种搅拌器，其结构如图 3-7 所示。叶片用扁钢制成，焊接或用螺栓固定在轮毂上，叶片数是 2 片、3 片或 4 片，叶片形式可分为平直叶式和折叶式两种。平直叶式搅拌器由两片平直桨叶构成，折叶式搅拌器是将两片平直桨叶相反折转 45°或 60°而构成。当罐内液位较高时，为加强搅拌效果，常在搅拌轴上装几层桨叶，且相邻两层间互成 90°交错安装。

桨式搅拌器的叶片较长，转速较慢。桨叶旋转时，液体仅以切线方向离开桨叶，向外趋近罐壁，然后向上或向下折流，搅动不激烈，其工作状态如图 3-8 所示。故常用于低黏度液体的混合以及固体微粒的溶解和悬浮。但桨式搅拌器不能用于以保持气体和以细微化为目的气—液分散操作中。

桨式搅拌器制造和更换方便，因此常用于工业生产中有防腐蚀和金属污染要求的工况。

图 3-7 浆式搅拌器

图 3-8 浆式搅拌器的工作状态

(四)锚式及框式搅拌器

此类搅拌器可视为浆式搅拌器的变形。在平直叶浆式搅拌器的叶片上加垂直浆叶就构成锚式搅拌器,在锚式搅拌器上加一横梁就构成框式搅拌器,其结构如图 3-9 所示。这种类型的搅拌器结构比较坚固,为了增大对高黏度物料的适应范围及提高浆叶的刚度,常常在锚式与框式的主体架上增加一些加强筋。

锚式及框式搅拌器的工作状态如图 3-10 所示,其特点是浆叶外缘接近搅拌罐内壁,其间仅有很小间隙,可清除附在罐壁上的黏性反应产物或堆积于罐底的固体颗粒,保持较好的传热效果。但锚式及框式搅拌器混合效果并不理想,常用于传热、结晶操作及高黏度液体的混合。

(a)锚式搅拌器 (b)框式搅拌器

图 3-9 锚式及框式搅拌器

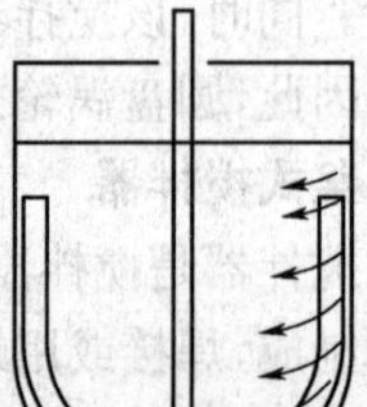

图 3-10 锚式搅拌器的工作状态

(五)螺带式搅拌器

这种搅拌器是把一定螺距的螺旋形扁钢,通过支撑和轴套固定在搅拌轴上,其结构及工作状态如图 3-11 所示。螺带外缘很接近罐壁,使搅拌操作遍及整个罐体。搅拌器旋转时,物料沿罐壁面螺旋上升,然后沿轴向下运动,形成上下对流循环。适用于高黏度液体的混合。

螺带式搅拌器可以有单条或双条螺带结构,螺带的形式和层数应根据容器的几何形状和液层高度来确定。

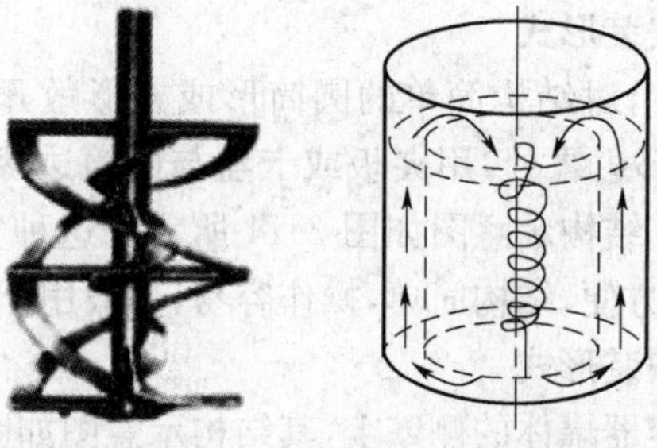

图 3-11　螺带式搅拌器及其工作状态

三、搅拌器安装形式

搅拌器不同安装形式会产生不同的流场，使搅拌效果有明显的差别。通常搅拌器安装形式分为如下几种：

(一)立式中心搅拌安装形式

将搅拌轴安装在搅拌罐的中心线上，呈对称布局，驱动方式一般为皮带传动和齿轮传动，用普通电机直接联接或与减速机直接联接，如图 3-12 所示。从功率方面看，可从 0.1 kW 到数百千瓦。但在实际应用中，常用的功率为 0.2～22 kW。叶轮的形状，根据用途可以考虑多种组合方式，多以三叶螺旋桨式、涡轮式为主体而组合各种形式。轴封以填料函密封的比较多，但对于真空度 400 mmHg(约 53 kPa)以上及承受压力比较高的，要采用机械密封。

(二)偏心式搅拌安装形式

搅拌器偏离罐体中心安装，其结构示意图及搅拌过程产生的流动情况如图 3-13所示。这种安装方式会使液流在各点处压力不同，因而使液层间相对运动加强，能防止液体在搅拌器附近产生涡流回转区域，可以达到与安装挡板时相近似的搅拌效果。但偏心搅拌容易引起设备在工作过程中的振动，一般此类安装形式只用于小型设备上。

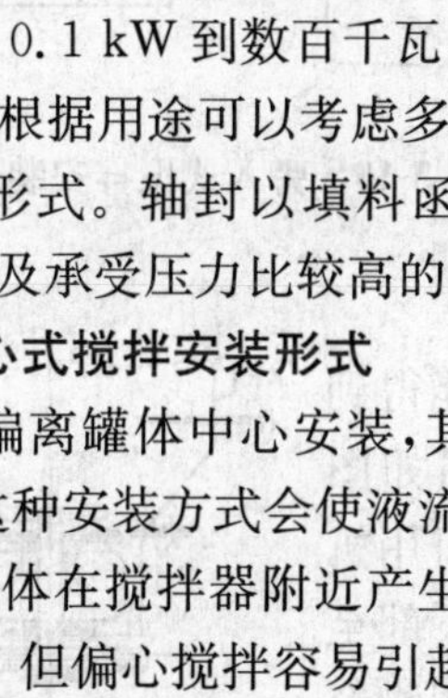

图 3-12　立式中心搅拌安装形式

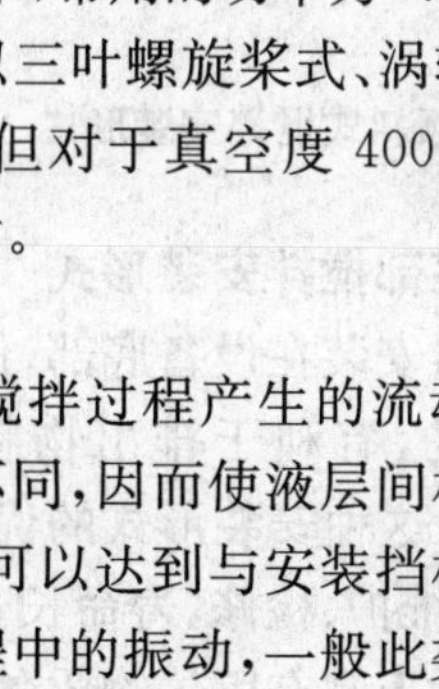

图 3-13　偏心式搅拌安装形式

(三)倾斜式搅拌安装形式

为防止涡流的产生,对结构简单的圆筒形或方形敞开的立式设备,可将搅拌器直接安装在设备上部边缘处,用夹板或卡盘与圆筒边缘夹持固定,搅拌轴斜插入容器内进行搅拌。其结构示意图如图 3-14 所示。这种安装形式的搅拌设备比较机动灵活,使用维修方便,结构简单,操作容易,一般用于小型设备上。

(四)旁入式搅拌安装形式

将搅拌器安装在容器罐体的侧壁上,其结构示意图如图 3-15 所示。驱动方式有齿轮传动和皮带传动两种,在消耗同等功率的情况下,能得到最好的搅拌效果。该设备主要缺点是轴封比较困难。多用于各种液体的混合和防止沉降,尤其是在大型贮槽中投入少量的功率就可得到较好的搅拌效果。

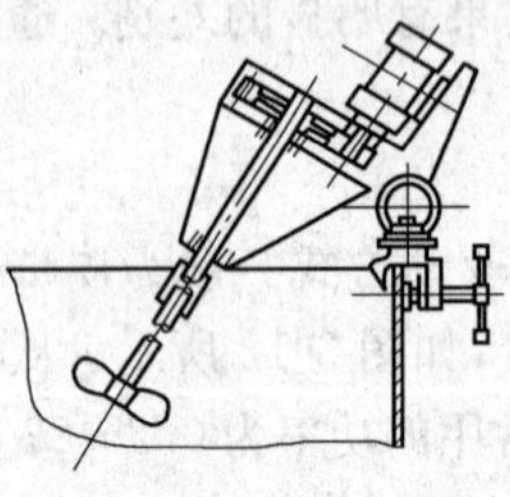

图 3-14　倾斜式搅拌安装形式

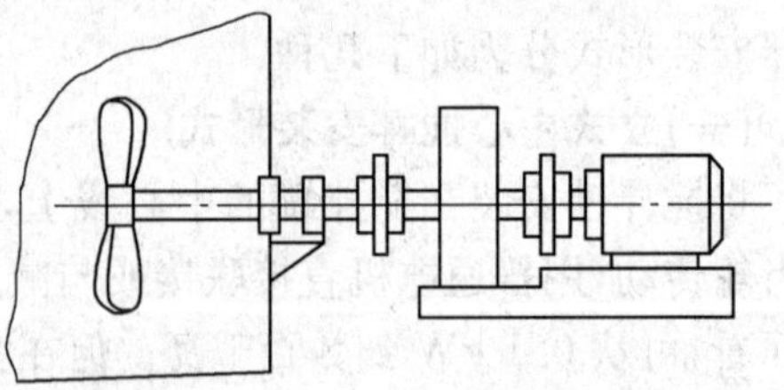

图 3-15　旁入式搅拌安装形式

(五)底部搅拌安装形式

搅拌器安装在设备底部,使其底部出料口能得到充分的搅动,有利于排出物料,其结构示意图如图3-16所示。这种安装形式的优点是轴短而细,可用机械密封,易维护、检修,寿命长。其缺点是叶轮下部至轴封处的轴上常有固体物质黏积,容易变成小团物料混入产品中影响产品质量。另外,检修搅拌器和轴封时,一般需将设备内物料排净。

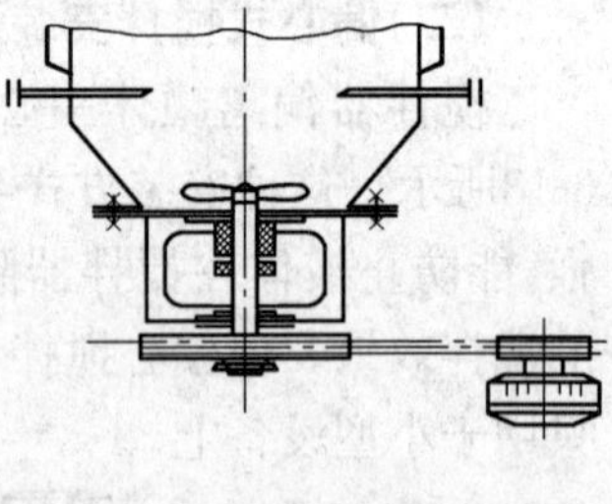

图 3-16　底部搅拌安装形式

四、搅拌附件

搅拌附件是指为了改善搅拌罐内液体的流动状态而增设的构件。搅拌容器的附件很多,有挡板、导流筒、稳定器以及插入容器内的进出料管、温度计、气体分布器等。本章重点介绍对搅拌效果影响较大的前两种附件。

(一)挡板

当搅拌器采用立式中心搅拌安装形式,被搅拌物料的黏度不大,且搅拌转速较高时,在液体的中心区域会形成漩涡,导致外面的空气混入液体中,使液体的密度减小,从而降低了混合效果。

为了消除这种现象,通常需要在搅拌罐内加入 2～6 块条形构件,称之为挡板,如图 3-17 所示。安装挡板后,做圆周运动的料液遇挡板后,运动方向发生变化,在挡板后形成漩涡,增大了被搅拌液体的湍动程度。

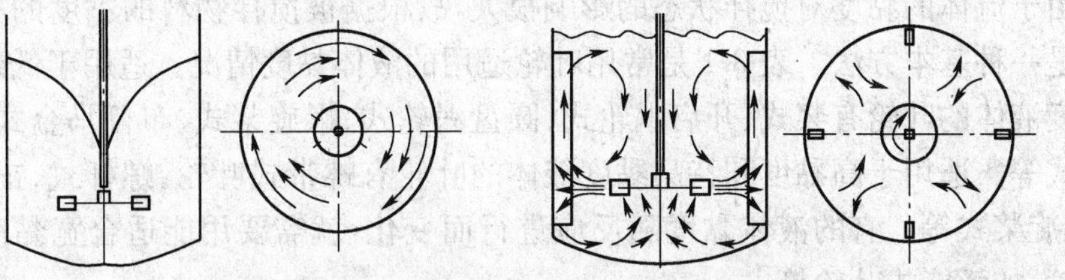

图 3-17 无挡板和有挡板时搅拌产生的流动状态对比

挡板的结构型式有竖式挡板、底挡板和指形挡板三种。通常,低黏度液体混合时都需要安装挡板。对于便携式搅拌器和旁入式搅拌器,其插入的搅拌轴与罐体中心线在 15°～20°,混合效果较好,一般不需要安装挡板。当搅拌罐内安装有盘形换热蛇管时,为防止打漩,往往要设置挡板。当装有垂直换热管时,也能起到挡板作用,一般也可不再设置挡板。

(二)导流筒

无论搅拌器的类型如何,液体总是从各个方面流向搅拌器,在需要控制流型的速度和方向以确定某一特定流型时,可在搅拌罐内设置导流筒。导流筒是上下开口的圆筒,安装在搅拌罐内,在搅拌混合中起导流作用,既可提高罐内液体的搅拌程度,加强搅拌器对液体的直接剪切作用,又造成一定的循环流,使罐内液体均可通过导流筒内强烈混合区,提高混合效率。安装导流筒后,限定了循环路径,减少了液体短路的机会。导流筒主要用于推进式、螺杆式以及涡轮式搅拌器的导流。导流筒的安装形式及液流状态如图 3-18 所示。

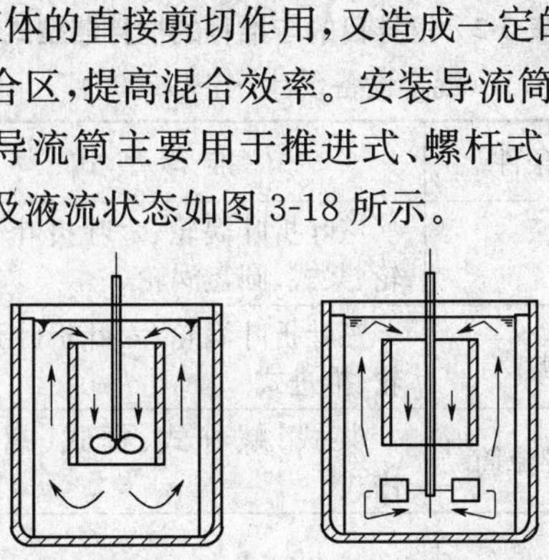

图 3-18 导流筒的安装形式及液流状态

五、搅拌器的选型

搅拌器的型式和混合特性在很大程度上决定了体系的混合效果。因此，搅拌器选型的好坏直接影响着整个搅拌设备的造价和操作费用。对于给定的搅拌过程，应根据物料性质、搅拌目的及各种搅拌器的性能，尽可能选择结构简单、操作方便、安全可靠、搅拌效率高、易于制造和维修的搅拌器。

(一)按被搅拌物料黏度选型

由于流体的黏度对搅拌状态的影响很大，故根据被搅拌物料的黏度的大小来选型是一种基本方法。表3-1是常用叶轮适用的液体黏度情况。适用于低黏度和中黏度液体的叶轮有桨式、开启涡轮式、圆盘涡轮式、螺旋桨式、布鲁马金式、三叶后弯式等。适用于高黏度和特高黏度液体的叶轮有螺带式叶轮、螺杆式、锚式、框式、螺旋桨式等。有的液体黏度随反应进行而变化，就需要用能适合宽黏度领域的叶轮，如泛能式叶轮等。

表3-1　常用叶轮适用的液体黏度范围

叶轮型式	桨式	开启涡轮式	圆盘涡轮式	螺旋桨式	锚式	螺杆式	螺带式
黏度(Pa·s)	<2	<50	<50	<2	<100	<100	<100

(二)按搅拌目的选型

这种方法是通过搅拌过程和目的，对照搅拌器造成流动状态做出判断来进行选择。如表3-2仅考虑到搅拌目的和液体黏度时的搅拌器选型表。对低黏度均相液体混合，主要考虑循环流量；对于非均相液—液分散过程，首先考虑剪切作用，同时要求有较大的循环流量。

表3-2　搅拌目的与推荐的搅拌器型式

(混合设备设计，王凯，2000)

<table>
<tr><th>搅拌目的</th><th>挡板条件</th><th>推荐型式</th><th>流动状态</th></tr>
<tr><td rowspan="3">互溶液体的混合及在其中进行化学反应</td><td>无挡板</td><td>三叶折叶涡轮、六叶折叶开启涡轮、桨式、圆盘涡轮</td><td rowspan="2">湍流
(低黏度流体)</td></tr>
<tr><td>有导流筒</td><td>三叶折叶涡轮、六叶折叶开启涡轮、推进式</td></tr>
<tr><td>有或无导流筒</td><td>桨式、螺杆式、框式、螺带式、锚式</td><td>层流
(高黏度流体)</td></tr>
</table>

续表 3-2

搅拌目的	挡板条件	推荐型式	流动状态
固—液相分散及在其中溶解和进行化学反应	有或无挡板	桨式、六叶折叶开启涡轮	湍流（低黏度流体）
	有导流筒	三叶折叶涡轮、六叶折叶开启涡轮、推进式	
	有或无导流筒	螺杆式、螺带式、锚式	层流（高黏度流体）
液—液相分散（互溶的液体）及在其中强化传质和进行化学反应	有挡板	三叶折叶涡轮、六叶折叶开启涡轮、桨式、圆盘涡轮、推进式	湍流（低黏度流体）
液—液相分散（不互溶的液体）及在其中强化传质和进行化学反应	有挡板	六叶折叶开启涡轮、圆盘涡轮	湍流（低黏度流体）
	有反射物	三叶折叶涡轮	
	有导流筒	三叶折叶涡轮、六叶折叶开启涡轮、推进式	
	有或无导流筒	螺杆式、螺带式、锚式	层流（高黏度流体）
气—液相分散及在其中强化传质和进行化学反应	有挡板	圆盘涡轮、闭式涡轮	湍流（低黏度流体）
	有反射物	三叶折叶涡轮	
	有导流筒	三叶折叶涡轮、六叶折叶开启涡轮、推进式	
	有导流筒	螺杆式	层流（高黏度流体）
	无导流筒	螺带式、锚式	

（三）按搅拌器型式和适用条件选型

各种搅拌器的通用性较强，同一种搅拌器可用于几种不同的搅拌过程。表 3-3中的叶轮的选型表考虑的因素有流动状态、搅拌目的、常用叶轮转速、搅拌罐的容积和最高使用黏度。

由表 3-3 可知，对于低黏度液体的混合，螺旋桨式搅拌器因其循环能力强，能耗低，可应用到较大容积的搅拌设备中。涡轮式搅拌器应用的范围较广，各种搅拌操作都适用，但液体黏度不超过 50 Pa·s 为宜。桨式搅拌器结构简单，在小容积的液体混合中则以锚式、螺杆式、螺带式更为合适。

表 3-3　搅拌器型式与适用条件表

（搅拌设备设计，陈乙崇，1985）

搅拌器型式	流动状态			搅拌目的								
	对流循环	湍流扩散	剪切流	低黏度混合	高黏度液混合传热反应	分散	溶解	固体悬浮	气体吸收	结晶	传热	液相反应
涡轮式	○	○	○	○	○	○	○	○	○	○	○	○
桨式	○	○	○	○	○		○	○		○	○	○
螺旋桨式	○	○		○		○	○	○		○	○	○
折叶开启涡轮式	○	○		○		○	○	○			○	○
布尔马金式	○	○	○	○	○		○				○	○
锚式	○				○		○					
螺杆式	○				○		○					
螺带式	○				○		○					

搅拌器型式	搅拌罐容积/m³	转速范围/(r/min)	最高黏度/Pa·s
涡轮式	1～100	10～300	50
桨式	1～200	10～300	50
螺旋桨式	1～1 000	10～500	2
折叶开启涡轮式	1～1 000	10～300	50
布尔马金式	1～100	10～300	50
锚式	1～100	1～100	100
螺杆式	1～50	0.5～50	100
螺带式	1～50	0.5～50	100

注：○为适合，表中空白为不适或不详。

第三节 其他类型搅拌器

工业生产中的物料搅拌混合除绝大部分采用叶轮搅拌外，常见或有发展前景的搅拌还有射流混合和静态混合。

一、静态混合器

静态混合器是20世纪70年代初开始发展的一种先进混合器，是一种没有运动部件的高效混合设备。其基本工作机理是利用固定在管内的混合单元体改变液体在管内的流动状态，增加流体层流运动的速度梯度或形成湍流，以达到液体之间良好分散和充分混合的目的。

如图3-19所示，这是一种简单的静态混合器，其静止元件是若干扭曲180°的左旋和右旋螺旋板，二者呈90°安装管道内，当需混合液流经螺旋元件时，既被分割同时又混合，在层流状态下，液体沿长度方向的分割层数为2^n（n为元件数），在混合器断面径向方向，由于液体左右回旋运动，完成了径向混合，最后达到混合乳化的目的。

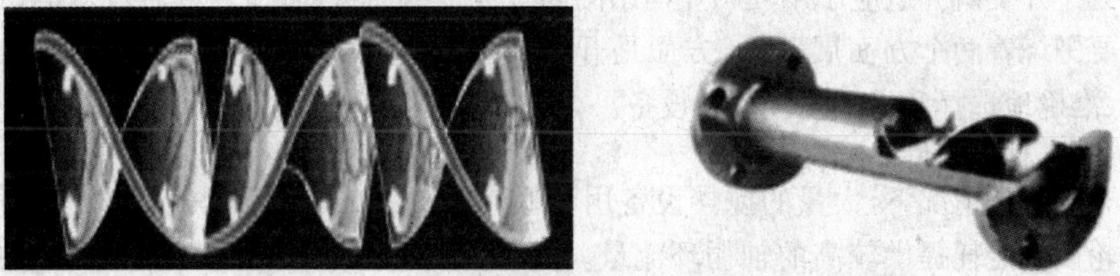

图3-19 静态混合器及其工作原理

静态混合器具有流程简单、能耗小、投资少、操作弹性大、安装维修简便、混合性能好等优点。凡涉及到液—液、液—气、液—固、气—气的混合，乳化，中和，吸收，萃取，反应和强化传热等过程，都可以替代传统的相关设备。

二、射流混合器

射流是在流体经过一小孔、喷嘴或管道，流入较大的容器时产生的。射流混合装置是根据文丘里原理制作的，典型的液体射流混合器如图3-20所示，它由两个同心的喷嘴和一个吸入室组成。混合时，带压流体经过喷嘴流入吸入室，产生吸入效应，混合器内的介质进入吸入室，两股流体间巨大的速度差造成剧烈的混合效应，射流的流速梯度一般在 6 000 m/s 左右，即当液体流经 1/300 m 的距离时，液体的速度可由 0 增加到 20 m/s。混合介质经第二喷嘴排出，夹带周围的液体，形成一个锥形区域，先水平运动，然后垂直运动释放大量的能量造成混合容器内的混合效应。

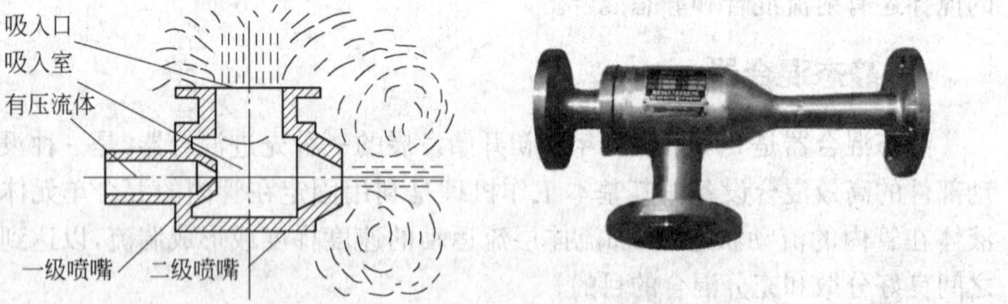

图 3-20 液体射流混合器及其工作原理

三、新型搅拌器的研究开发

搅拌混合技术的研究涉及流体力学、化学工程、生物工程等领域的相关理论，搅拌器性能直接关系到产品的质量、能耗和生产成本，因而各国研究人员一直在致力于开发研究适应于不同工业体系的高效搅拌器。目前，搅拌混合技术的研究主要围绕着两个方面展开：一方面是开发新型、高效的混合设备；另一方面是快速、准确地选择和设计搅拌混合设备。

(一)新型轴向流叶轮

在通常情况下，大量的搅拌设备用于低黏度物系的混合和固—液悬浮操作，叶轮以低能耗提供较高的轴循环流量。由于传统的推进式叶轮叶片为复杂的立体曲面，虽能满足要求，但制造却很困难，亦不易大型化。近些年来，国内外研究人员在轴向流叶轮的开发研制上做了很多工作。其中最著名的有美国莱宁公司开发了 A310 和 A315 叶轮系列，如图 3-21 所示。这些新型轴向流搅拌器有一个共同的特点，叶片的倾角和叶片的宽度是随其径向位置而变化的。

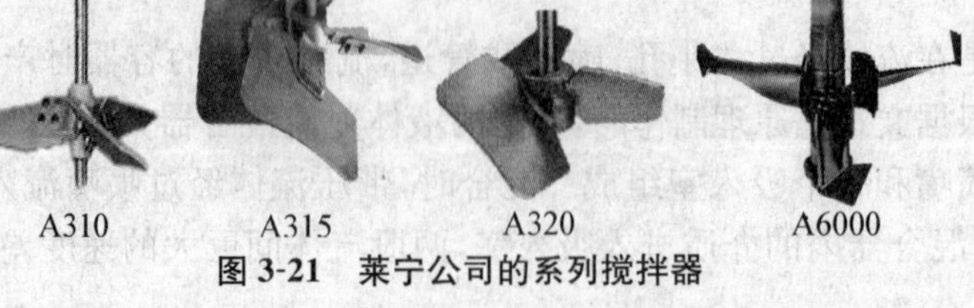

图 3-21 莱宁公司的系列搅拌器

(二)新型宽黏度搅拌叶轮

传统的搅拌叶轮按适用黏度的范围可分为适用于低黏度液体的和适用于高黏度液体的。然而在很多聚合反应中,开始时的物料是低黏度液体,随反应的进行,黏度越来越高。因此,开发适用黏度范围很宽的搅拌叶轮也是改进搅拌混合技术的重点。

近年来,日本住友重机、三菱重工等公司开发了最大叶片式、泛能式和叶片组合式等搅拌器,如图 3-22 所示。它们都有一个共同的特点,即叶轮在搅拌罐纵剖面上的投影面积占罐纵剖面面积的比例很大,这些大叶片不仅适合于固—液悬浮及晶析等操作,也适合于液—液分散以及使气体从液面吸入的气—液传质过程。

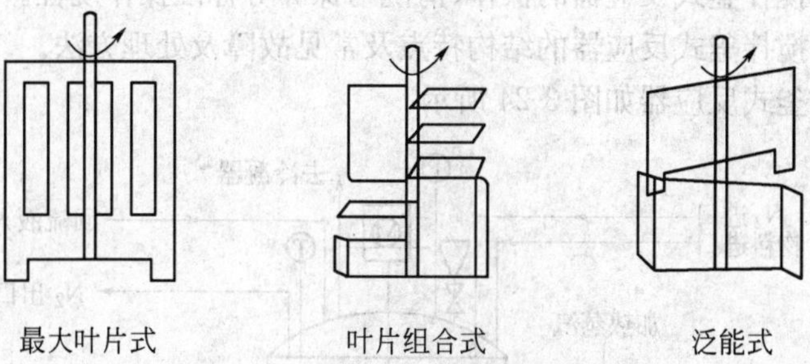

图 3-22　日本公司三种新型搅拌器

(三)新型卧式搅拌设备

近年来欧洲和日本开发很多种适用于高黏度物系和超高黏度物系的卧式自清洁搅拌设备。卧式双轴全相型搅拌机就是典型的一例,如图 3-23 所示。它的左边一根是主搅拌轴,另一根为清洁轴,清洁轴以主搅拌轴的 4 倍转速进行旋转,通过两根轴上的元件相互啮合,使搅拌器具有自清洁功能。

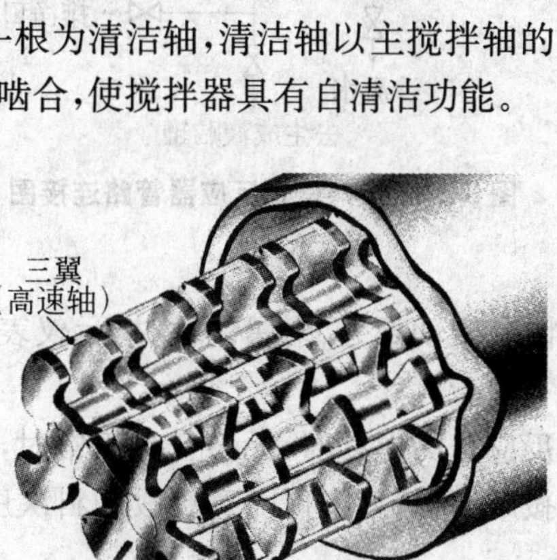

图 3-23　住友重机的卧式双轴全相型搅拌机

【技能训练】

搅拌釜式反应器操作训练

★训练目标

(1)熟悉搅拌釜式反应器常见故障及处理方法。

(2)掌握搅拌釜式反应器的操作、清洗与保养等标准操作规程。

★训练准备

(1)了解搅拌釜式反应器的操作、清洗与保养等标准操作规程。

(2)了解搅拌釜式反应器的结构特点及常见故障及处理方法。

(3)搅拌釜式反应器如图 3-24 所示。

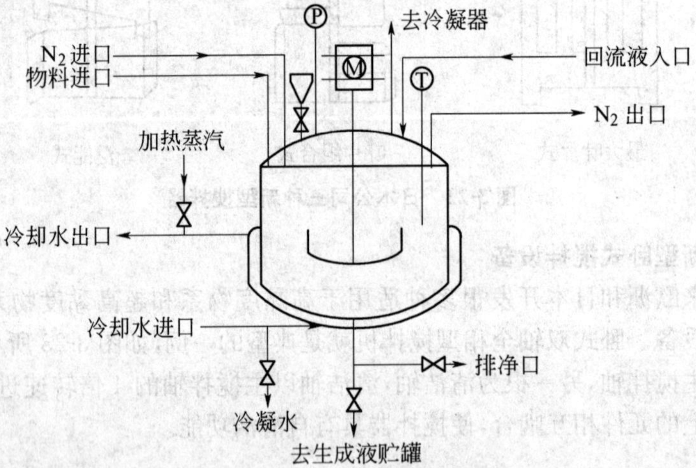

图 3-24 搅拌釜式反应器管路连接图

★操作要领

(1)检查釜内、搅拌器、转动部分、附属设备、指示仪表、安全阀、管路及阀门是否符合安全要求。

(2)加料前应先开反应釜的搅拌器,无杂音且正常时,将料加到反应釜内。必须严格按照工艺要求,按顺序加料,不得随意更改加料次序,加料数量不得超过工艺要求。

(3)缓慢打开蒸汽阀,逐步升压,夹套内压力不准超过规定值。

(4)控制进汽阀门或冷却水阀门,使温度保持恒定。注意蒸汽阀门和冷却水阀门不能同时启动。

(5)随时检查反应釜运转情况，发现异常应及时检修。

(6)出料时，如罐底堵塞，不得用金属工具敲击，应用塑料棒通开。

(7)按工艺操作规程处理完反应釜物料后停搅拌，并检查、清洗或吹扫相关管线与设备，按工艺操作规程确认合格后准备下一循环的操作。

★思考与分析

(1)反应釜常见故障及处理方法有哪些?

(2)反应釜在正常运转过程中应注意哪些问题?

第四章 物料输送设备

知识目标

- 理解离心泵的性能参数、特性曲线及安装高度的含义。
- 熟悉物料输送设备的基本结构及工作原理。
- 掌握离心泵与往复泵流量调节方法。
- 掌握离心泵与往复泵的运转、维护、常见故障及处理方法。

能力目标

- 能够正确操作离心泵和进行简单的故障处理。

在制药生产过程中，需要把各种原材料、中间体、产物、副产物或废弃物从一道工序输送至另一道工序，从一个车间输送至另一个车间，或输送至储运地点。物料的相态、形态不同，性质千差万别，输送的设备和方法也各不相同。例如，为液体提供能量的输送设备称为泵，为气体提供能量的输送设备称为风机及压缩机，固体块状或粉状物料可以采用皮带、螺旋、链斗等机械输送方式。它们都是制药工业最常用的通用设备。

制药生产多为连续过程，如果过程骤然中断，可能会导致严重事故，因此要求输送设备在操作上安全可靠。输送设备运行时要消耗动力，动力费用直接影响产品的成本。故要求各种输送设备能在较高的效率下运转，以减少动力消耗。为此，必须了解物料输送设备的操作原理、主要结构与性能，以便合理地选择和使用这些通用设备。

第一节 液体物料输送设备

用于液体物料输送的设备通称泵，是指用于将液体由低处送到高处以及提供流动时克服阻力所需能量的设备。由于制药工业中输送的液体物料种类很多，有黏度大的，有腐蚀性强的，有带有固体颗粒的，而且温度、压力、流量又有较大的不同，因此需要用到各种类型的泵。根据泵的工作原理和结构，泵的类型有如下几种：

动力式泵 又称叶片式泵，包括离心泵、轴流泵和漩涡泵等，由这类泵产生的

扬程随输送流量而变化。

容积式泵　包括往复泵、齿轮泵和螺杆泵等，由这类泵产生的扬程几乎与输送流量无关。

流体作用泵　包括以高速射流为动力的喷射泵，以高压气体（通常为压缩空气）为动力的酸蛋（因最初用来输送酸的容器，且呈蛋形而得名）和空气升液器。

一、离心泵

离心泵是利用高速旋转的叶轮产生的离心力来输送液体的设备。因其具有转速高、体积小、重量轻、效率高、流量大、结构简单、输液无脉动、性能平稳、容易操作和维修方便等特点，在生产中得到广泛应用。根据不同的结构特点，离心泵的类别划分如表 4-1 所示。

表 4-1　离心泵的结构类型及特点

分类方式	类型	特　点
按吸入方式	单吸泵	液体从一侧流入叶轮，存在轴向力
	双吸泵	液体从两侧流入叶轮，不存在轴向力，泵的流量几乎比单吸泵增加 1 倍
按级数	单级泵	泵轴上只有 1 个叶轮
	多级泵	同一根泵轴上装有 2 个或多个叶轮，液体依次流过每级叶轮，级数越多，扬程越高
按泵轴方位	卧式泵	轴水平放置
	立式泵	轴垂直于水平面
按壳体型式	分段式泵	壳体按与轴垂直的平面剖分，节段与节段之间用长螺栓连接
	中开式泵	壳体在通过轴心线的平面上剖分
	蜗壳泵	装有螺旋形压水室的离心泵，如常用的端吸式悬臂离心泵
	透平式泵	装有导叶式压水室的离心泵
特殊结构泵	潜水泵	泵和电机制成一体浸入水中
	液下泵	泵体浸入液体中
	管道泵	泵作为管路一部分，安装时无需改变管路
	屏蔽泵	叶轮与电动机转子联为一体，并在同一密封壳体内，不需采用密封结构，属于无泄漏泵
	磁力泵	除进、出口外，泵体全封闭，泵与电动机的联接采用磁钢互吸而驱动泵启动时无需灌泵
	自吸式泵 高速泵	由增速箱使泵轴转速增加，一般转速可达 10 000 r/min 以上，也称部分流泵或切线增压泵
	立式筒型泵	进出口接管在上部同一高度上，有内、外两层壳体，内壳体由转子、导叶等组成，外壳体为进口导流通道，液体从下部吸入

(一)离心泵的构造和工作原理

1. 离心泵的构造　如图 4-1 所示，离心泵的主要工作部件是叶轮、泵壳、泵轴和轴封装置。

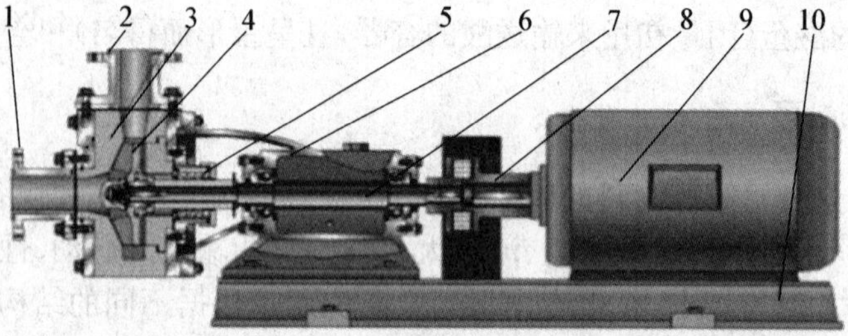

图 4-1　离心泵的结构

1. 进口管　2. 出口管　3. 泵壳　4. 叶轮　5. 密封组合件　6. 轴承座组合件　7. 泵轴　8. 联轴器　9. 电机　10. 底座

(1)叶轮　是直接对泵内液体做功的部件，是离心泵的主要部件，通常由 4～12片的后弯形叶片组成，按其机械结构可分为闭式、半开式和开式三种叶轮，如图 4-2 所示。

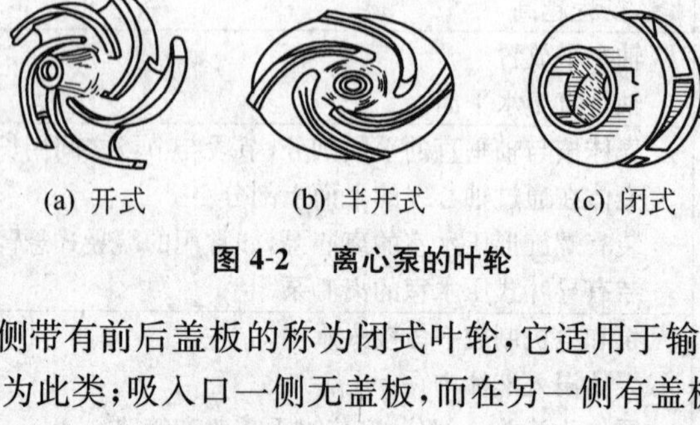

(a) 开式　(b) 半开式　(c) 闭式

图 4-2　离心泵的叶轮

轮的叶片两侧带有前后盖板的称为闭式叶轮，它适用于输送清洁液体，一般的离心泵叶轮多为此类；吸入口一侧无盖板，而在另一侧有盖板的称为半开式叶轮；叶片两侧没有前后盖板的称为开式叶轮。开式和半开式叶轮由于流道不易堵塞，适用于含有固体颗粒的悬浮液。但是由于没有盖板，液体在叶片间流动时易产生“返混”现象，故安装开式与半开式叶轮的离心泵效率较低。

按吸液方式不同，叶轮可分为单吸式和双吸式两种，如图 4-3 所示。单吸式叶轮的结构简单，液体只能从叶轮一侧被吸入；双吸式叶轮可同时从叶轮两侧对称地吸入液体，它不仅具有较大的吸液能力，而且可基本上消除了轴向推力，但其结构比较复杂，因此常用于大流量的场合。

(2)泵壳　离心泵的泵壳通常制成蜗壳状，如图 4-4 所示。其作用是将叶轮封闭在一定的空间，以便通过叶轮的作用将液体吸入和压出。叶轮在泵壳内沿着蜗形通道逐渐扩大的方向旋转，流道截面积逐渐扩大，故从叶轮四周甩出的高速液体逐渐降低流速，使部分动能有效地转换为静压能。泵壳不仅汇集由叶轮甩出的液体，同时又是一个能量转换装置。

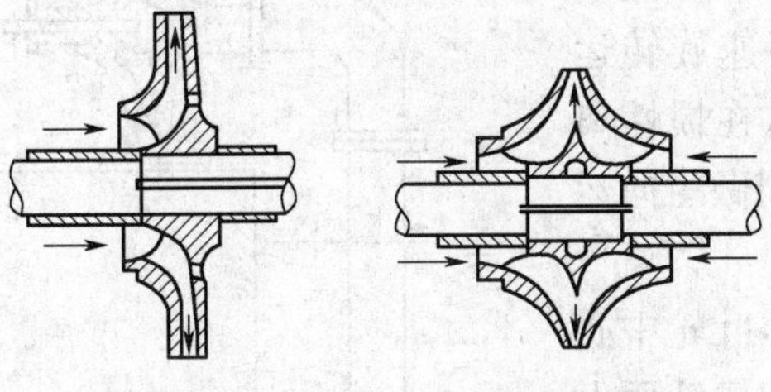

(a)单吸式　(b)双吸式

图 4-3　离心泵的吸液方式

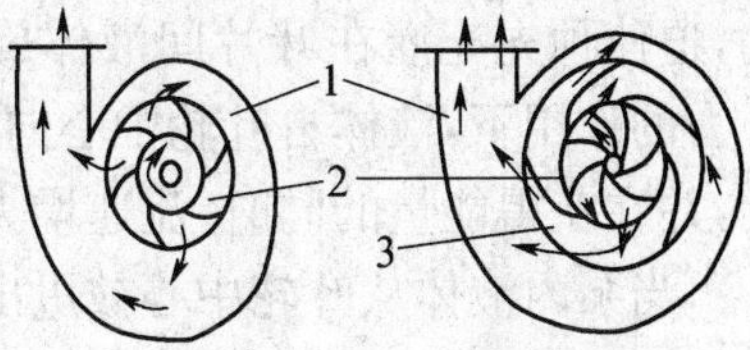

图 4-4　泵壳和导轮

1. 泵壳　2. 叶轮　3. 导轮

为了减少液体直接进入泵壳时因碰撞引起的能量损失，在叶轮与泵壳之间有时还装有一个固定不动而带有叶片的导轮。由于导轮具有若干逐渐转向和扩大的流道，使部分动能均匀而缓慢地转换为静压能，能量损失可降到最小限度。多级离心泵通常安装导轮。

(3)轴封装置　由于泵轴转动而泵壳固定不动，在轴和泵壳的接触处必然有一定间隙。为避免泵内高压液体沿间隙漏出，或防止外界空气进入泵内，必须设置轴封装置。离心泵的轴封装置有填料密封和机械密封。

填料密封是在泵轴穿过泵壳的环隙中，加入软填料(如浸油或涂石墨的石棉绳等)。将泵壳内、外隔开，而泵轴仍能自由转动。填料密封的优点是结构简单，造价低廉，维修方便，在工业上得到广泛应用。缺点是填料松紧不易控制，过紧则轴磨损，机械损失加大；过松则密封不可靠，易产生泄漏。合理的松紧应允许有微量的渗漏。

机械密封是由一个装在转轴上的动环和另一固定在泵壳上的静环所构成。两环的端面借弹簧的压力相贴紧而做相对运动，起到了密封的作用。动环常采用硬度较高的材料制成，如硬质合金等。静环的硬度较低，常用石墨粉与工程塑料注塑而成。两环的接触面要求表面粗糙度数值很低，并经相互研磨，使其间隙尽可能小。机械密封的优点为密封可靠、功率损失小，使用寿命较长。缺点是结构复杂，加工精度要求高，成本较高，维修、装卸不方便。机械密封适用于密封要求较高的场合，如输送酸、碱、易燃、易爆及有毒的液体。

(4)其他　有些泵壳上方设有放气螺钉，目的是排出泵壳内的空气，排气后应当旋紧。有些泵壳下方设有放液孔，以便停泵后打开放净壳内液体，防止壳内残留液冻结，造成泵壳破裂。

2. 离心泵的工作原理　如图 4-5 所示，当离心泵启动后，泵轴带动叶轮一起做高速旋转运动，迫使预先充灌在叶片间液体旋转，在惯性离心力的作用下，液体自叶轮中心向外周做径向运动，并在获得能量的同时，流速增大。

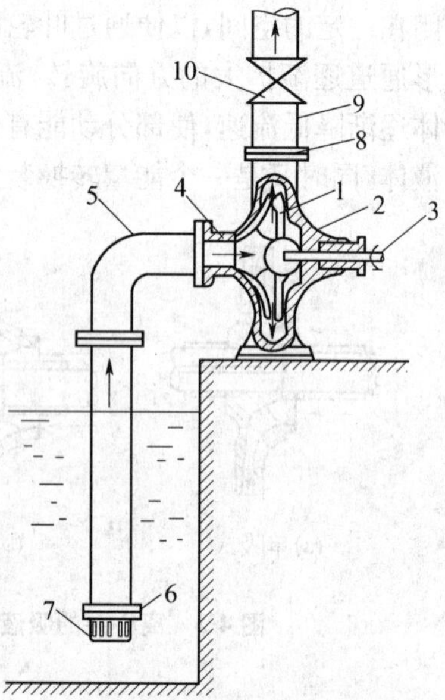

图 4-5　离心泵装置示意图

1. 叶轮　2. 泵壳　3. 泵轴　4. 吸入口　5. 吸入管　6. 底阀　7. 滤网　8. 排出口 9. 排出管　10. 调节阀

当泵内液体从叶轮中心被甩出时，叶轮中心处便形成了一定真空的低压区，由于贮槽液面上方的压力大于泵入口处的压力，液体便被连续压入叶轮中。只要叶轮不停地旋转，液体便不断地被吸入和排出。

当液体离开叶轮进入泵壳后，由于壳内流道逐渐扩大而减速，经过能量转换，液体以较高的压力流入排出管道，送至需要场所。

在离心泵启动前，若没向泵壳内灌满被输送的液体，会使泵内存有空气。由于空气密度很小，叶轮旋转后产生的离心力也小，叶轮中心区不足以形成吸入贮槽内液体的低压，导致离心泵不能输送液体，此现象称为气缚。这表明离心泵无自吸能力。

需要指出的是，当贮槽内液体不足以浸没吸入管口时，空气将从吸入管路进到泵壳中，也会造成“气缚”现象。

要保证液体的正常输送，除离心泵主体设备，吸入管路和排出管路的正确安装也是必不可少的。吸入管路的最初端是滤网，用来防止液体贮槽中的杂物进入泵内堵塞管路和泵壳，影响泵的正常工作。滤网靠上处是单向阀，其作用是防止在启动泵前所灌注的液体返回液体贮槽，或需暂时停泵时防止泵内液体返回贮槽，给再启动泵造成困难。在排出管路上装有调节流量的调节阀，如有必要需在吸入管和压出管上分别安装真空表和压力表。

(二)离心泵的性能参数与特性曲线

泵的性能及相互之间的关系是选泵和进行流量调节的依据。离心泵的主要性能参数有流量、扬程、效率、轴功率等，常标注在泵的铭牌上。它们之间的关系常用特性曲线来表示。

1. 离心泵的性能参数

(1)流量　离心泵的流量是指单位时间内排到管路系统的液体体积，表示泵的输液能力。一般用 Q 表示，常用单位为 L/s，m^3/s 或 m^3/h 等。离心泵的流量与泵的结构、尺寸及转速有关。

(2)扬程　又称为压头，是指离心泵对单位重量液体所提供的有效能量，一般用 H 表示，单位为 J/N 或 m。扬程的大小主要取决于泵的结构、转速及流量。对于一定的泵和转速，扬程与流量之间具有一定的对应关系。

(3)效率与轴功率　由于液体在泵内流动时的冲击与摩擦产生水力损失，叶轮外缘与泵壳和叶轮吸入口与泵壳之间有缝隙，使排出液体又漏回吸入口造成容积损失，以及泵在运转时轴承、轴封装置等机械部件因摩擦引起的机械损失，使得泵轴从电动机获得的功率(即轴功率)与液体从泵得到的功率(即有效功率)不相等。上述三项能量损失的总和用泵效率表示，则泵的效率为有效功率与泵轴功率的比值。

离心泵在启动或运转时有可能超过正常负荷或者电动机通过转轴传送的功率也会有损失，因此所配电动机的功率应比泵的轴功率要大些。

离心泵的效率与泵的类型、尺寸、制造精密程度、液体的流量和性质等有关。一般小型泵的效率为 50%～70%，大型泵可达 90%左右。

2. 离心泵的特性曲线　在离心泵出厂前，在规定条件下，测定出的离心泵扬程 H、轴功率 P 及效率 η 随流量 Q 的变化关系曲线，称为离心泵的特性曲线，即 H-Q、P-Q、η-Q 3 条曲线，如图 4-6 所示。特性曲线列入产品样本或说明书中，为

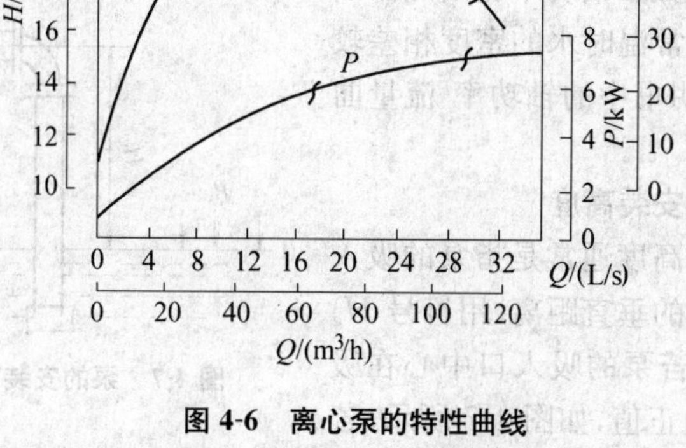

图 4-6　离心泵的特性曲线

选泵和操作时提供参考。不同型号的泵，或同一型号的泵，当转速和叶轮不同时，特性曲线均不同。因此，通常在特性曲线的左上角，注明泵的型号和转速。

各种型号的离心泵都有其独有的特性曲线，且不受管路特性的影响，但它们都具有共同的规律。

（1）H-Q曲线　表示离心泵的扬程 H 随流量 Q 的变化关系。离心泵的扬程一般随流量加大而下降（在流量极小时可能有例外），常用的离心泵的 H-Q 曲线下降比较平缓。

（2）P-Q曲线　表示离心泵的轴功率 P 随流量 Q 的变化关系。离心泵的轴功率在流量为零时为最小，随流量的增大而上升。常用电机的启动电流是正常运转时的 4～5 倍，故在启动离心泵时，应关闭泵出口阀门，以减小启动电流，保护电机，待电机达到规定转速时，再打开出口阀门调节到所需流量。

（3）η-Q曲线　表示离心泵的效率 η 随流量 Q 的变化关系。当流量为零时，离心泵的效率为零。随着流量的增大，泵的效率随之而上升并达到一最大值；此后随流量的增加，效率则下降。这说明在一定转速下工作的离心泵有一最高效率点，此点被称为泵的设计点，与最高效率点相对应的流量、压头、轴功率称为最佳工况参数。离心泵铭牌上标出的性能参数即是最高效率点对应的参数。根据生产工艺的条件，离心泵不能完全在最佳设计点运行，但应尽可能在高效区（即在最高效率的 92%范围内，如图中波折号所示的区域）工作。

需要强调的是，离心泵的特性曲线都是以 20℃的清水为输送液体测得的，而工业生产中所用的液体则是多种多样的，因此必须注意密度和黏度影响。

当输送液体的黏度增加时，液体在泵内的能量损失增加，使泵的扬程、流量、效率都有所降低，而轴功率增大。当输送液体的黏度与水的黏度差别较大时，泵的特性曲线应校正。

输送液体的密度对扬程、流量和效率没有影响，但密度增加，轴功率也增加。当输送液体的密度与常温时水的密度相差较大时，则原产品说明书中的轴功率-流量曲线不再适用。

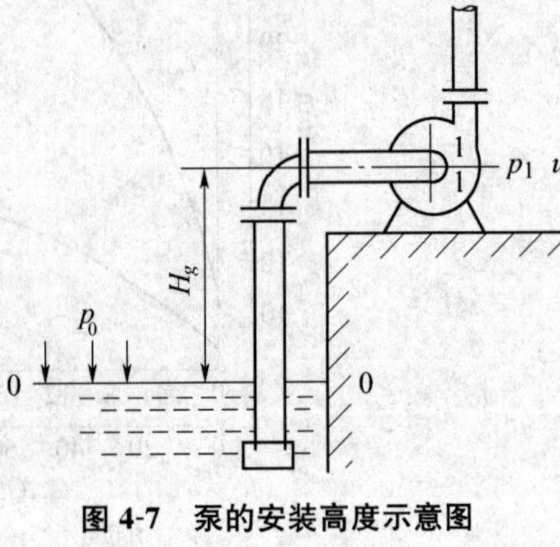

图 4-7　泵的安装高度示意图

（三）离心泵的安装高度

离心泵的安装高度通常是指泵的吸入口与吸入液面之间的垂直距离，用符号 H_g 表示，单位为 m。若泵的吸入口中心在吸入液面之上，H_g 为正值，如图 4-7 所示；若泵的吸入口中心在吸入液面之下，H_g 为负值。安装高度的数值是通过计算得出的，如果在安装离心泵时，安装高度超过最大允许安装高度，就要发生“汽蚀”现象。

1.“汽蚀”现象　离心泵运转时，叶轮中心处形成负压，离心泵的吸液动力就是被吸液面与泵的入口处的压力差，压力差越大，吸液动力越强。但是当叶轮中心处的压力下降至等于或低于泵输送液体温度下的饱和蒸汽压时，在泵入口处，液体就会沸腾汽化，产生大量的气泡，而含大量气泡的液体进入叶轮后，因压力升高，气泡又迅速凝结或破裂，从而在该处产生局部真空，这样瞬间内周围液体就以极高速度冲向原来气泡所占据的空间。由于液体质点互相冲击，造成很高的瞬间局部冲击压力。叶轮在上述连续冲击下，金属表面逐渐因疲劳而破坏，这种破坏通常称为剥蚀，表面逐渐形成斑点、小裂缝，日久甚至使叶轮变成海绵状或整块脱落。这种液体汽化、气泡产生和破裂的过程中引起的剥蚀现象称为“汽蚀”现象。另外，在压力降低时，溶解在液体中的气体也会从液体中逸出，加剧了“汽蚀”过程。

当“汽蚀”发生时，泵体因冲击而发生振动，并产生噪声。此外，因产生大量气泡，使泵的流量、扬程和效率下降，严重时造成叶片或叶轮盖板穿孔，甚至叶轮破裂，造成严重事故。所以，“汽蚀”严重影响到泵的安全运行和使用寿命。

2. 安装高度的确定　离心泵的安装高度可由柏努利方程推出。如图 4-7 所示，以 0—0 平面为基准平面，在 0—0 平面和 1—1 平面之间列柏努力方程：

$$H_g=\frac{p_0-p_1}{g}-\left(\frac{u_1^2}{2g}+\sum H_{f0-1}\right) \tag{4-1}$$

p_0 为作用于液面的大气压，当吸入管路的状态与管路流速保持恒定，$\frac{u_1^2}{2g}+\sum H_{f0-1}$数值变化不大，泵的安装高度就由液面压力与泵入口处压力差决定，差值越大，即泵入口处压力越小，泵可以安装得越高。但是，p_1 不能降低至液体的饱和蒸汽压，否则，离心泵会发生“汽蚀”现象。因此，为避免“汽蚀”现象的发生，要控制离心泵的安装高度。

通过实验发现，泵入口处的压力未降到液体的饱和蒸汽压时，泵内也会发生“汽蚀”现象。这是由于泵入口处的压力不是最低压力，当液体从泵入口处进入叶片入口处，随流道改变和流速的变化，压力还会进一步降低。同时，考虑到吸入管路的锈蚀、温度的变化等因素，为保证泵的正常工作，可通过在泵的最大安装高度（当发生“汽蚀”现象时，泵的安装高度）数值上减去一定的安全量（0.5 ～1 m）。

（四）离心泵的流量调节

离心泵被安装在一定的管路系统中工作时，它的实际工作性能——扬程和流量既与泵本身的特性有关，又取决于管路的工作特性。如图 4-8 所示，曲线 H_e-Q 代表管路特性曲线，曲线 H-Q 代表泵的特性曲线，二者的交点 M 为泵的工作点，该点对应的流量和扬程既能满足管路的要求，又能由泵提供。因此，流量调节实际上是改变泵的工作点。

改变工作点的途径主要有两种：一是改变泵的特性曲线；二是改变管路的特性曲线。

1. 改变泵的特性曲线

(1)改变泵的转速　如图 4-9 所示，若将泵的转速提高，泵的 H-Q 曲线向上移，工作点 M_1 移至 M_2，所对应的流量和扬程就会增大；若将泵的转速降低，流量和扬程则减小，动力消耗也降低。这种调节方法能量损失小，节能效果显著，但需要变速装置或变速电机，一次投资费用较高，故在生产当中很少采用。

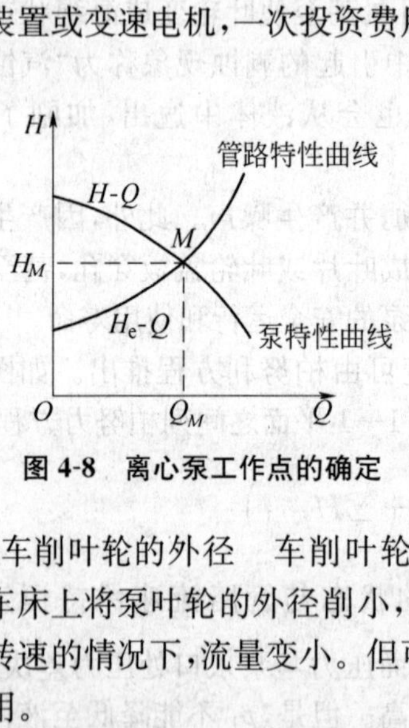

图 4-8　离心泵工作点的确定

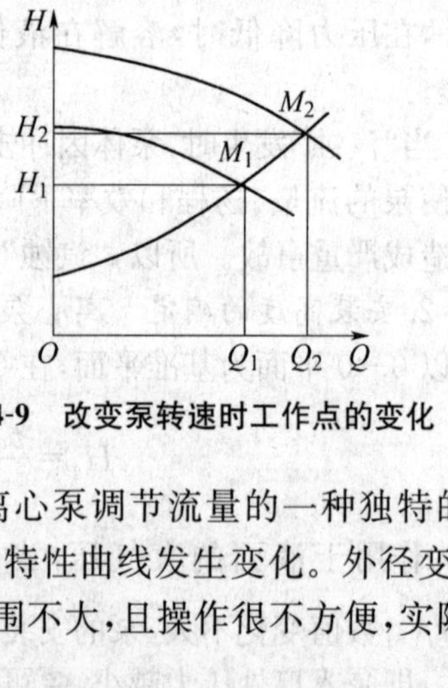

图 4-9　改变泵转速时工作点的变化

(2)车削叶轮的外径　车削叶轮的外径是离心泵调节流量的一种独特的方法。在车床上将泵叶轮的外径削小，使离心泵的特性曲线发生变化。外径变小，在相同转速的情况下，流量变小。但可调节的范围不大，且操作很不方便，实际上很少采用。

(3)泵的并联与串联　在实际生产过程中，当单台离心泵不能满足输送任务时，可采用离心泵的并联或串联操作。泵的并联是为了增加流量，泵的串联是为了增加扬程。

如图 4-10 中所示，若将两台型号相同的离心泵并联操作，且各自的吸入管路相同时，在同一扬程下，两台并联泵的流量等于单台泵的两倍。但由于流量增大时管路流动阻力增加，两台泵并联后的总流量必低于原单台泵流量的两倍。

如图 4-11 所示，若将两台型号相同的离心泵串联操作，在同一流量下，两台串联泵的扬程为单台泵的两倍。但由于扬程增大使管路流动阻力增加，两台泵串联操作的总扬程必低于单台泵扬程的两倍。

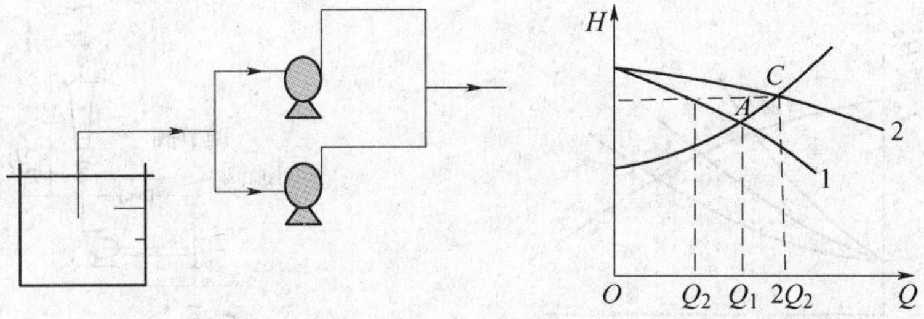

(a)并联管路示意图　　(b) 特性曲线图

图 4-10　离心泵的并联操作

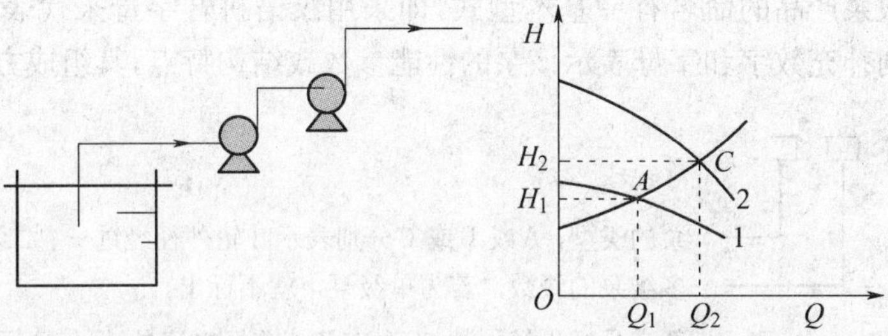

(a) 串联管路示意图　　(b) 特性曲线图

图 4-11　离心泵的串联操作

生产中究竟采用何种组合方式比较经济合理，则决定于管路曲线的形状。对于低阻输送管路，并联优于串联组合；对于高阻输送管路，则采用串联组合更为适合。

2. 改变管路的特性曲线

(1)调节阀调节　安装在排出管路上的调节阀开度的变化，可改变管路特性曲线的位置。如图 4-12 所示，阀门开大时，管路局部阻力变小，管路特性曲线向下移，工作点由 M 变为 M_2，流量增大，扬程减小。在实际生产中，此法调节方便迅速，适用于经常改变流量的场合，但能耗却会增大。在输送量不大的管路中，一般采用此方法。

(2)回路调节　如图 4-13 所示，回路调节即在排出管路上引一支管路，通过回流阀将一部分排出的液体，送回贮液槽或吸入管路，调节回流阀和调节阀的开度可以达到调节主管路流量的目的。此法调节比较方便，但由回路送回的液体所消耗的能量是额外的，此种方法适用于流量减小而扬程也要减小的场合。

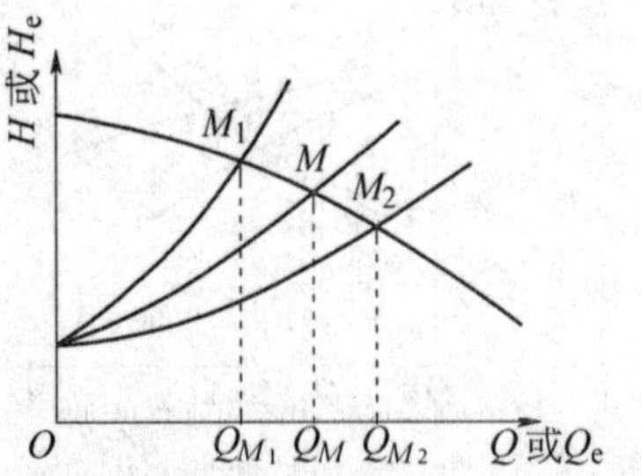

图 4-12　改变阀门开度调节流量示意图

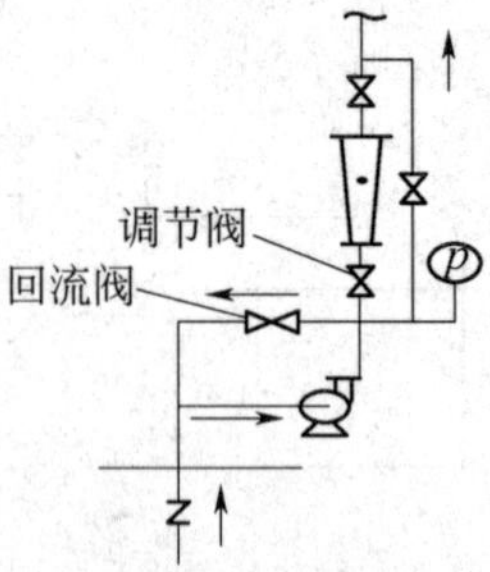

图 4-13　回路调节

(五)离心泵的命名

大多数泵产品的命名有一基本型式，即采用汉语拼音字母来代表泵的名称。辅助一系列补充数字和字母表示该泵的性能参数或结构特点，其组成方式如下：

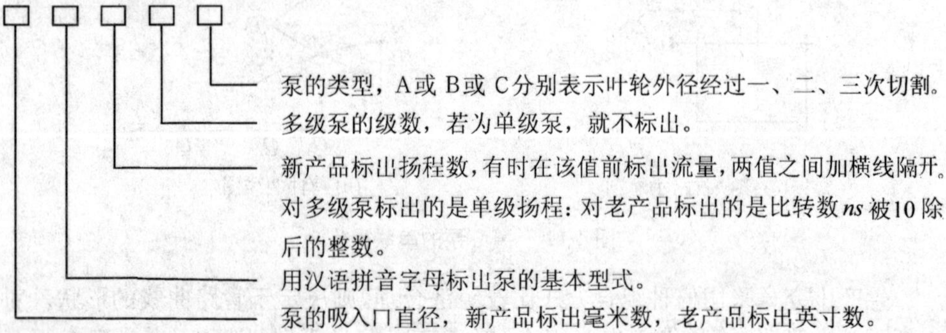

例如：150D30×5

D表示多级分段式离心泵。吸入口直径为150 mm，单级叶轮扬程为30 m，叶轮级数为5级。在D型泵中，吸入口径为4.9～12.25 cm范围内均采用高转速(2 950 r/min)；吸入口径为14.7～19.6 cm时，采用低转速(1 450 r/min)。

(六)离心泵的选型

1. 确定离心泵的类型　根据被输送液体的性质和操作条件确定离心泵的类型，如液体的温度、压力、黏度、腐蚀性、固体粒子含量以及是否易燃易爆等都是选用离心泵类型的重要依据。

2. 确定输送系统的流量和扬程　输送液体的流量一般为生产任务所规定，如果流量是变化的，应按最大流量考虑。液体的输送距离是工艺所确定的，在最大流量的条件下，泵的扬程应稍高于通过计算所得的液体输送所需的扬程。

3. 确定离心泵的型号　根据所确定的流量Q和扬程H，参照泵的型谱图来选定合适的离心泵型号。在选用时，应考虑到操作条件的变化并留有一定的余量。

选用时要使所选泵的流量与扬程比任务需要的稍大一些。如果用系列特性曲线来选，要使(Q,H)点落在泵的Q-H曲线以下，并处在高效区。

若有几种型号的泵同时满足管路的具体要求，则应选效率较高的，同时也要考虑泵的价格。

4. 校核轴功率　当液体的黏度、密度与水相差较大时，应注意校核轴功率。

(七)离心泵的运转与维护

1. 离心泵的运转

(1)启动前检查　①检查联轴器保护罩，地脚等部分螺丝是否紧固，有无松动现象；②手攀联轴器转动轴，检查电机和泵在转动时有无摩擦卡死情况；③若用机械密封装置，应先开启冷却水，向填料函引水；④点动泵，看其叶轮转向是否与设计转向一致，若不一致，必须使叶轮完全停止转动，调整电动机接线后，方可再启动；⑤检查管路系统分支上的阀门开启情况，严防错开阀门造成事故。

(2)启动　①泵若装在贮槽液面之上，需向泵内和吸入管路注满液体，泵若装在贮槽液面之下，引液体自流泵内，将泵中气体排尽；②关闭真空表和压力表阀门，关闭泵的排出管阀门；③按启动按钮，待泵运转正常后，压力表显示适当压力后再打开吸入管路上的真空表旋塞；④逐渐打开离心泵的出口阀，直到需要的开度为止。

(3)两泵切换　在生产过程中经常遇到两台泵切换的操作，应先启动备用泵，慢慢打开其出口阀，然后缓慢关闭原运行泵的出口阀，在这过程中要保持与前后工序的联系，维持离心泵输出流量的稳定，避免因流量波动造成系统停车。

(4)停泵　停泵时，先慢慢关闭排出管阀门，关闭真空表和压力表阀门，切断电机电源，关闭填料函水封阀门。工作环境温度低于0℃时，还需打开底阀，排净泵及吸入管路内的液体，以免冻裂泵和管路。

2. 离心泵的检查维护　①在泵运行过程中，随时要对电机轴承和泵轴承的温度进行检查，保证最高温度不超过70℃。停泵时要进行清洗、注油和换油。②检查填料函漏液情况，正常工作时，允许渗漏量为10～20滴/min，漏液量过大则需压紧或更换填料。③检查液体输出流量和输出压力。如流量不足，则分析产生原因，是填料函漏气，还是叶轮被堵塞，并采取相应的解决措施；压力指示稳定，压力波动应在规定范围内。如压力不足，需检查是叶轮损坏，还是口环磨损，必要时更换零件。④注意泵运行中有无震动或杂音，若发现异常，需停泵检查地脚螺栓、轴承间隙，叶轮内有无杂物等，及时排除故障，确保正常运行。⑤定期更换润滑油。稀油应在500 h后更换一次，黄油每运转2 000 h更换一次。⑥离心泵每工作2 000 h后应进行周期检查，更换磨损件。⑦离心泵要1个月检修一次，半年中修一次，每年大修一次。

(八)常见故障及处理方法

泵的故障可分为腐蚀和磨损、机械故障、性能故障和轴封故障四类。腐蚀的主要原因是选材不当,振动和噪声是主要的机械故障,性能故障主要指流量、扬程不足、泵汽蚀和电动机过载等意外事故,轴封故障主要是指密封处出现泄漏。离心泵常见故障及处理方法如表4-2所示。

表4-2 离心泵常见故障及处理方法

故障现象	原因分析	处理方法
泵输不出液体	1. 启动前泵内灌液不足 2. 泵吸入管漏气 3. 吸入管浸入深度不够 4. 电源接线不对、叶轮旋转方向相反 5. 底阀漏液 6. 吸入管路过小或杂物堵塞	1. 停车重新灌泵 2. 检查不严密处消除漏气 3. 降低吸入管,使其管口浸没深度大于0.5～1.0 m 4. 调整电源接线 5. 修理或更换 6. 加大吸入管径,清除堵塞物
运转过程中流量减少	1. 转速降低 2. 叶轮阻塞 3. 密封环磨损 4. 吸入空气 5. 排出管中阻力增加	1. 检查电压是否太低 2. 检查和清洗叶轮 3. 更换密封环 4. 检查吸入管路,压紧或更换填料 5. 检查所有阀门及管路中可能堵塞之处
密封泄漏严重	1. 各处密封圈老化、损坏 2. 石墨动环、静环严重磨损	1. 更换密封圈 2. 更换石墨动环、静环
轴功率过大	1. 泵轴弯曲、轴承磨损或损坏 2. 叶轮前盖板与密封环相磨 3. 填料压得过紧 4. 泵内吸进泥沙及杂物 5. 介质相对密度过大	1. 矫直泵轴或更换 2. 调整叶轮螺母及轴承压盖或检修 3. 调整填料压盖 4. 拆卸清洗 5. 改变操作工艺
泵发生振动及杂音	1. 叶轮磨损或阻塞造成叶轮不平衡 2. 泵轴弯曲,泵内旋转部件与静止部件有严重摩擦 3. 泵轴与电机轴不同心 4. 泵内发生气蚀现象 5. 地脚螺栓松动 6. 进口阀开度小	1. 清洗叶轮并进行平衡校正 2. 矫直或更换轴,检查摩擦原因并消除 3. 校正 4. 降低吸液高度,消除气蚀原因 5. 拧紧 6. 打开进口阀,调节出口阀

续表 4-2

故障现象	原 因 分 析	处 理 方 法
轴承过热	1. 轴承损坏 2. 轴承安装不正确或间隙不适当 3. 轴承润滑不良(油质不好或油量不足) 4. 泵轴弯曲或联轴器没找正	1. 更换 2. 检查并进行修理 3. 更换润滑油 4. 矫直或更换泵轴,找正联轴器

二、其他类型泵

(一)往复泵

往复泵是通过主要部件的往复运动直接以压力能的形式向液体提供能量的液体输送机械。往复泵的种类很多,按照与输送介质接触的工作机构可分为活塞泵、柱塞泵和隔膜泵;按作用特点可分为单作用泵、双作用泵和差动泵;按缸数可分为单缸泵、双缸泵和多缸泵;根据驱动特点可分为电动往复泵、蒸汽往复泵和手动泵等。往复泵还可用作计量泵,精确、可调节地输送各种流体。

往复泵主要适用于较小流量、高扬程、清洁的高黏度液体的输送,它不宜于输送腐蚀性液体和含有固体颗粒的悬浮液。

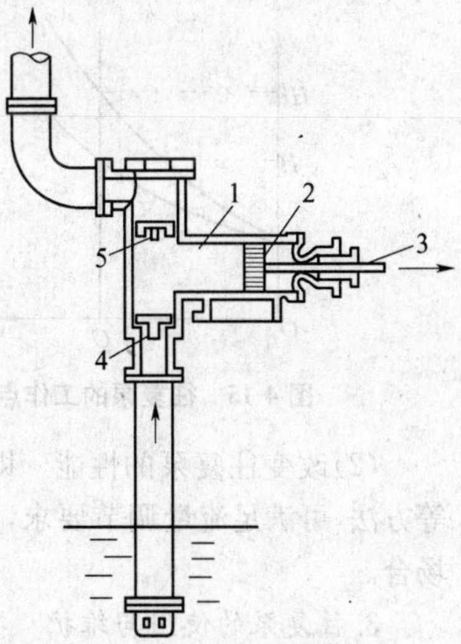

图 4-14　往复泵工作原理示意图

1. 泵缸　2. 活塞　3. 活塞杆　4. 吸入阀　5. 排出阀

1. 往复泵的结构和工作原理　如图 4-14 所示,往复泵主要由泵缸、活塞(或柱塞)、活塞杆、吸入阀和排出阀组成。吸入阀和排出阀都是单向阀。活塞杆与传动机械相连接,活塞可以在泵缸内做往复运动,泵缸中活塞与阀之间的空间称为工作室,它通过吸入阀和排出阀分别与吸入管路和排出管路相连。

当活塞在外力作用下向右移动时,工作室的容积逐渐增大,形成低压,吸入阀打开,排出阀因受排出管内液体压力作用而关闭。当活塞移到右端时,工作室的容积最大,吸液量也最多。

随后,活塞便开始向左移动,液体受挤压,使吸入阀受压关闭。同时,工作室内压力增高,排出阀被推开,液体进入排出管路。活塞移到左端时，排液完毕，完成一个工作循环。

由此可知，往复泵就是靠活塞在泵缸内往复运动，依次开启吸入阀和排出阀，使工作室压力降低而吸上液体，压力升高而压出液体。在一定的安装高度下，往复泵不需要灌泵就可以在规定的时间内启动并达到正常工作状态。因此，往复泵具有自吸能力。

2. 往复泵的流量调节　往复泵的理论流量是由活塞所扫过的体积决定的，与管路特性无关。而往复泵提供的扬程则只决定于管路情况。往复泵的工作点也是管路特性曲线和泵的特性曲线的交点，如图 4-15 所示。可见，只要往复泵的机械强度及原动机功率允许，管路系统需要多高的扬程，就能够提供多高的扬程。

(1)旁路调节　往复泵与离心泵不同，不能用阀门来调节流量。工业上一般采用旁路调节，如图 4-16 所示。活塞泵的排出总流量不变，部分流体经过旁路分流，从而改变了主管路中的流量，这会造成一定的能量损失。它适用于流量变化不太大的经常性调节。必须注意的是，排出阀和旁路阀不可同时关闭。对电动往复泵应设安全阀，当排出管压力超高时，安全阀自动打开，液体返回泵入口，避免因泵和原动机超负荷而发生事故。

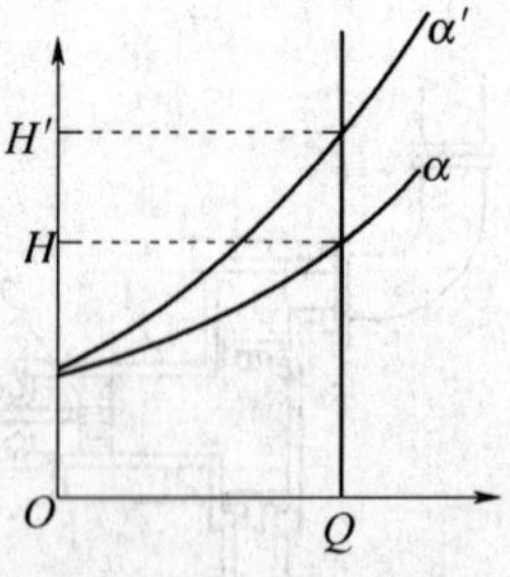

图 4-15　往复泵的工作点

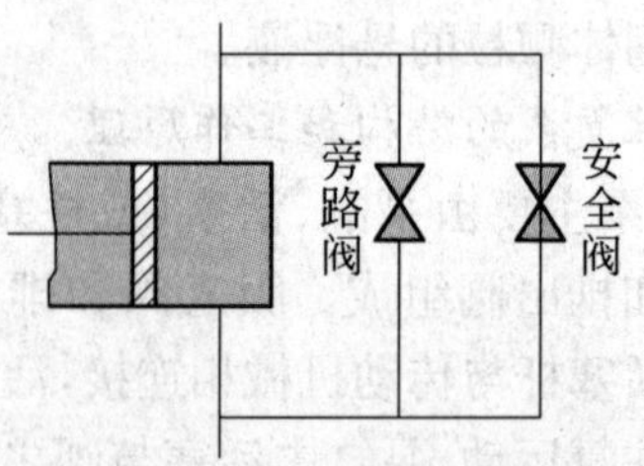

图 4-16　往复泵流量调节示意图

(2)改变往复泵的性能　即改变往复泵的转速、改变活塞行程或活塞截面积等方法，可满足流量调节要求，而且合理利用能量，但不适于经常性调节流量的场合。

3. 往复泵的使用与维护

(1)检查泵和管线的各连接部位的密封情况等。

(2)盘车数周，检查是否有异常声响或阻滞现象。

(3)向轴承体内加入轴承润滑机油，观察油位应在油标的中心线处，润滑油应及时更换或补充。

(4)检查各安全防护装置是否完好、齐全,各种仪表是否灵敏。

(5)打开出口阀,打开入口阀。

(6)引入液体后看泵体的温升变化情况。

(7)打开压力表阀、安全阀。

(8)启动泵后,观察流量、压力、泄漏情况。

(9)停泵时,待泵停止运转后,关闭管路上的进出口阀,关闭压力表阀及安全阀。

(10)经常调整填料压盖,保证填料室内的滴漏情况正常(以成滴漏出为宜)。

(11)定期检查轴套的磨损情况,磨损较大后应及时更换。

(12)往复泵在寒冬季节使用时,停车后,需将泵体下部放水螺塞拧开将介质放净,防止冻裂。

(二)转子泵

转子泵由静止的泵壳和旋转的转子组成。它没有吸入阀和排出阀,靠泵壳内的转子与液体接触的一侧将能量以静压力形式直接作用于液体,并借旋转转子的挤压作用排出液体,同时在另一侧留出空间,形成低压,使液体连续地吸入。

转子泵的扬程较高,流量通常较小,排液均匀,适用于输送黏度高,具有润滑性,但不含固体颗粒的液体。

转子泵的结构形式较多,最常用的有齿轮泵和螺杆泵。

1.齿轮泵　如图 4-17 所示,齿轮泵主要由泵壳和一对互相啮合的齿轮所组成,其中一个是主动齿轮,另一个是从动齿轮,由主动齿轮啮合带动旋转。当齿轮按箭头方向转动时,吸入腔由于两轮的齿互相分开,空间增大,形成低压而将液体吸入。被吸入的液体在齿缝中因齿轮的旋转而被带动,分两路沿壳壁进入到排出腔。在排出腔内,由于两齿轮的啮合,空间缩小,形成高压而将液体压出。

齿轮泵的特点是结构简单、工作可靠、扬程高而流量小,适用于清水和油的输送,而不适于输送含有小颗粒物质的悬浮液,因其会加剧齿面的磨损,减少泵的使用寿命。

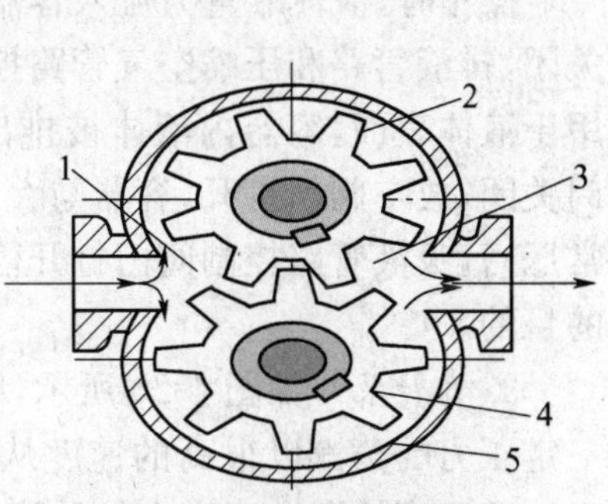

图 4-17　齿轮泵示意图

1.吸入腔　2.主动齿轮　3.排出腔　4.从动齿轮　5.泵壳

2.螺杆泵　如图 4-18 所示,螺杆泵主要由泵壳与一根或多根螺杆所组成。运转时,螺杆一边旋转一边啮合,液体被一个或多个螺杆上的螺旋槽带动,沿轴向推进至排出口。

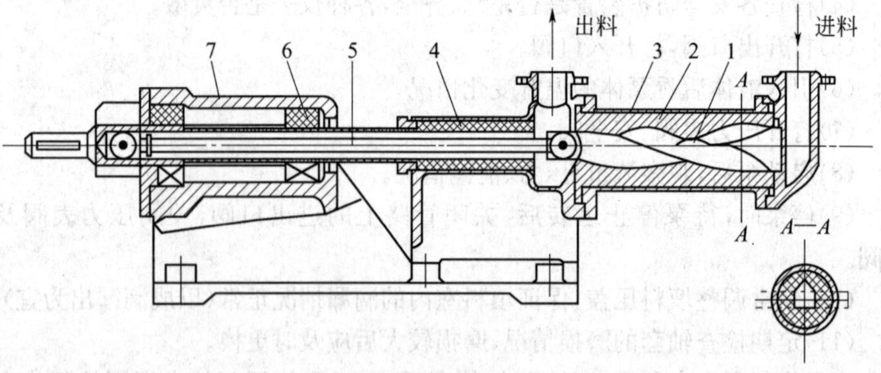

图 4-18　螺杆泵

1.螺杆　2.橡胶衬套　3.螺腔体　4.填料函　5.连杆轴　6.轴承　7.机座

螺杆泵具有运行平稳、流量均匀、振动和噪声小、效率高等优点，适于在高压下输送不含颗粒的黏稠液体。但其制造加工要求高，工作特性对黏度变化比较敏感。

（三）流体作用泵

这类泵的特点是无活动部分。液体物料的输送主要靠空气的压缩或运动着的流体。对于易燃液体不能用压缩空气压送，因为空气与易燃液体蒸汽混合，可形成爆炸性混合物。在输送有燃烧性和爆炸性物料时，要用氮、二氧化碳等惰性气体代替空气，以免造成燃烧或爆炸。

1.酸蛋　如图 4-19 所示，酸蛋是一个能承受一定压力的圆筒形容器，其上配有吸液管路、排液管路、压缩空气管路。

操作时，液体靠重力流入容器内，流至一定高度后，吸液管路上的控制阀门关闭，排液管路和压缩空气管路控制阀门打开，压缩空气从容器顶部进入，并作用于液体表面，容器内液体被排出。待液体压送完毕后，压缩空气管路控制阀门关闭，放空阀门打开，容器与大气相通，容器内压力降低。当容器内压力降至常压后，吸液管路控制阀门打开，再次进料。多次重复此过程，即达到输送液体的目的。

2.喷射泵　如图 4-20 所示，喷射泵由喷嘴、混合室与扩散管组成。当具有一定压力的蒸汽以很高的速度从喷嘴喷出时，泵内形成真空，将气体或液体吸入。两股流体混合后进入扩散管，速度逐渐降低，压力随之升高，而后从压出口排出。

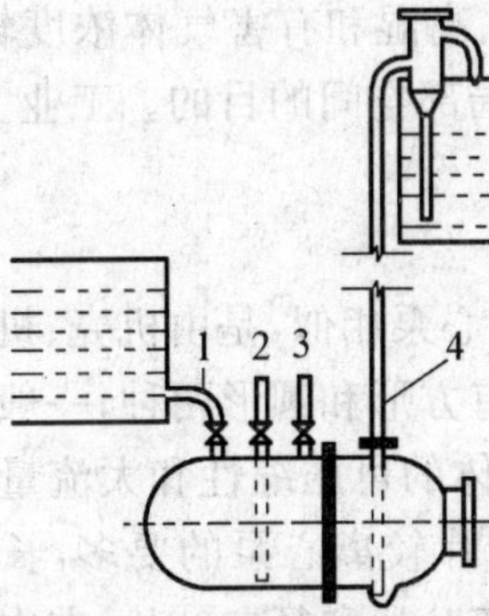

图 4-19　酸蛋

1. 吸液管路　2. 压缩空气管路　3. 放空阀　4. 压出管路

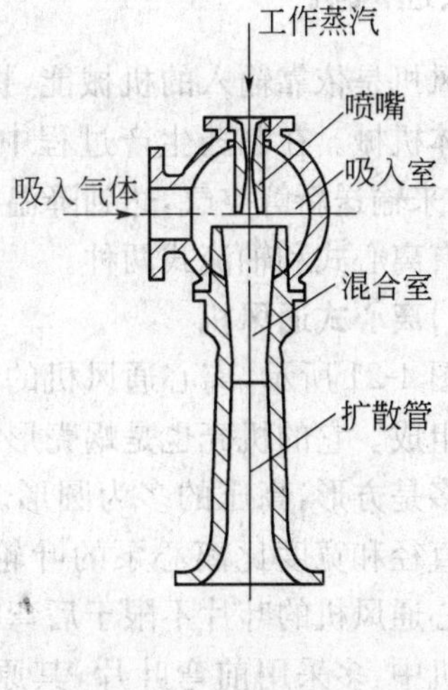

图 4-20　蒸汽喷射泵

喷射泵的工作流体常用蒸汽，也可用水。用蒸汽时称为蒸汽喷射真空泵，用水时称为水力喷射真空泵。

喷射泵的优点是结构简单，抽气量大，适应性强；缺点是效率低，能耗大。故一般多作真空泵使用，而不作为输送设备用。由于所输送的流体与工作流体混合，因而使其应用范围受到一定限制。

第二节　气体输送设备

气体输送机械是能引起空气连续流动的驱动设备，主要应用于：①将气体由一处输送到另一处，气体的最初与最终压力不改变，如仓库、厂房的排风机；②提高气体压力；③减低气体压力。

气体输送设备出口的压力称终压。终压与气体在机械进口的压力的比值称压缩比。按照终压和压缩比，气体输送设备大致可分为以下四类。

通风机　终压不大于 15 kPa(表压)，压缩比为 1～1.15。

鼓风机　终压为 15～300 kPa(表压)，压缩比小于 4。

压缩机　终压在 300 kPa(表压)以上，压缩比大于 4。

真空泵　终压为当时当地大气压，压缩比由真空度定。

气体输送机械的基本类型及其操作原理，与液体输送机械类似，亦有离心式、旋转式、往复式及喷射式等类型，但二者在结构上区别较大。

一、通风机

通风机是依靠输入的机械能，提高气体压力并排送气体的机械，它是一种从动的流体机械。在制药生产过程中，尤其是高温、高湿和有害气体浓度较大的场所，常用来输送新鲜空气，达到降温、去湿和净化局部空间的目的。工业上常用的通风机有离心式和轴流式两种。

（一）离心式通风机

如图 4-21 所示，离心通风机的结构和单级离心泵相似，是由机壳、机轴、叶轮和机架组成。它的机壳也是蜗壳形，但机壳断面有方形和圆形两种，一般低、中压通风机多是方形，高压的多为圆形。为了适应气体的可压缩性和大流量的要求，叶轮的直径和宽度比离心泵的叶轮要大得多，叶片较离心泵的要多，长度较短。而且离心通风机的叶片不限于后弯叶片，也有前弯叶片和径向叶片，在中、低压离心通风机中，多采用前弯叶片，其原因是要求压力不高，前弯叶片有利于提高风速，从而减小通风截面积，因而设备尺寸较后弯时为小。但是，使用前弯叶片时，风机的效率较低，这是因为动能加大，能量损失加大，而且叶轮出口速度变化较剧烈的缘故。

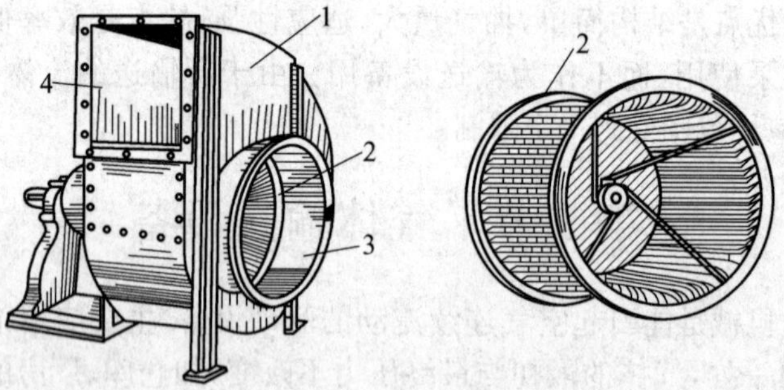

图 4-21　离心通风机

1. 机壳　2. 工作翼轮　3. 吸入口　4. 排出口

离心通风机工作时，电动机驱动叶轮在蜗形机壳内旋转，空气经吸气口从叶轮中心处吸入。由于叶片对气体的动力作用，气体压力和速度得以提高，并在离心力作用下沿着叶道甩向机壳，从排气口排出。与此同时叶轮中心处产生真空，周围气体在外界压力作用下被吸向叶轮，不断吸入、不断流出，使风机源源送风。

中、低压离心通风机主要用于车间通风换气，高压离心通风机主要用于气体输送。

(二)轴流式通风机

如图 4-22 所示,机壳内装有螺旋形叶轮,叶轮上固定着叶片。工作时,电动机驱动叶轮在圆筒形机壳内旋转,叶片推动气体使其沿轴线平行排出。轴流式通风机的特点是压强不大而风量大。一般只用来通风换气,而不用作一定距离或设备间的气体输送。

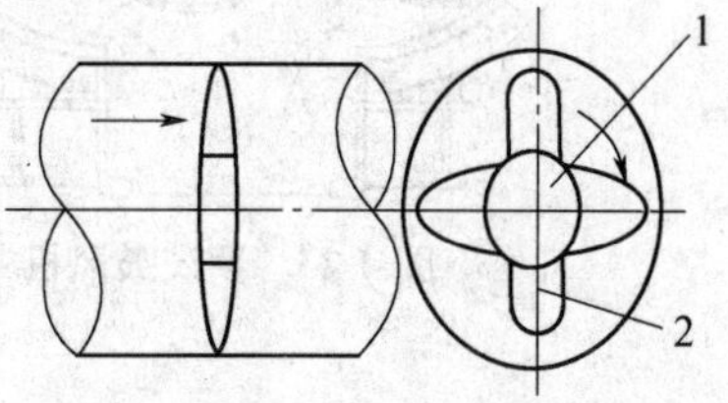

(a) 轴流通风机工作原理图

(b) 轴流通风机外观图

图 4-22　轴流通风机

1. 轮盘　2. 叶片

二、鼓风机

根据工作原理,鼓风机有离心式和旋转式两种类型。

(一)离心式鼓风机

离心式鼓风机也称为涡轮鼓风机,其工作原理与离心式通风机相似。其结构如图 4-23 所示,与多级离心泵相似。通风机要求的风压较低,一般为一个叶轮,即单级结构,而鼓风机要求风压较高,单级叶轮达不到要求,所以常采用多级叶轮结构。

一般离心式鼓风机风量较大,风压不太高,终压小于 400 kPa,所以级间压缩比较小,不需加级间冷却装置,各级叶轮尺寸也几乎相等。

(二)旋转式鼓风机

旋转式鼓风机应用最多的是罗茨鼓风机。罗茨鼓风机的工作原理与齿轮泵相似,结构如图 4-24 所示,主要由机体和两个形状特殊、旋转方向相反的转子所组成。操作时,两个转子的一端互相密切地接触,另一端与机体壁接触,将机体分成二室:一室吸入气体;一室排出气体,两转子依次交替工作。两转子互不接触,它们之间靠严密控制的间隙实现密封,故排出的气体不受润滑油污染。如改变转子的旋转方向时,则吸入口与排出口互换。因此,在开车前必须检查电机的转向。

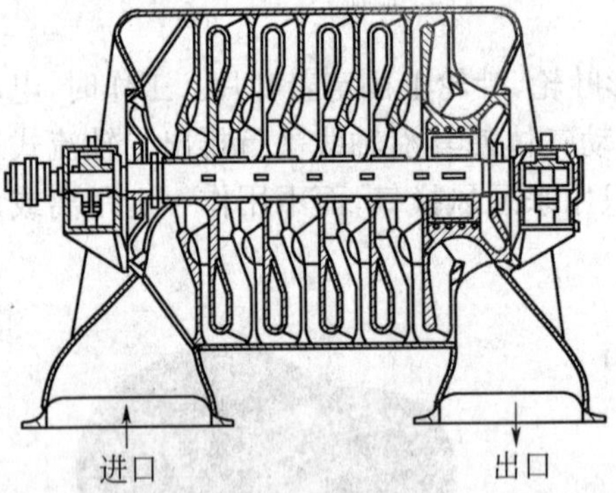

图 4-23 五级离心鼓风机

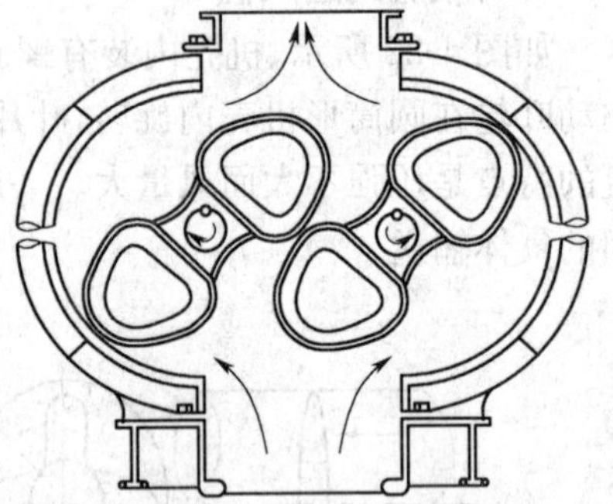
图 4-24 罗茨鼓风机

这种鼓风机结构简单，输送均匀，一般适用于表压 0.08 MPa 以下的场合。但其制造精密度和安装质量要求很高，否则将产生极刺耳的噪声，以至损坏机体。因此，它已逐渐为离心式鼓风机所取代。

三、压缩机

压缩机是通过压缩气体来提高气体压力或输送气体的设备，各种压缩机都属于动力机械，能将气体体积缩小，压力增高，具有一定的动能，可作为机械动力或其他用途。压缩机主要分为离心式和往复式。离心式压缩机的构造与工作原理和离心式鼓风机近乎一致，只是级数更多、转速较高，故能产生较大的压力。下面主要介绍往复式压缩机。

(一)往复式压缩机的结构和工作原理

往复式压缩机是靠一个或几个做往复运动的活塞来改变压缩腔内部容积的容积式压缩机。如图 4-25 所示，往复式压缩机主要由三大部分组成：运动机构(包括曲轴、轴承、连杆、十字头、皮带轮或联轴器等)、工作机构(包括气缸、活塞、气阀等)和机身。此外，压缩机还配有三个辅助系统：润滑系统、冷却系统以及调节系统。工作机构是实现压缩机工作原理的主要部件。

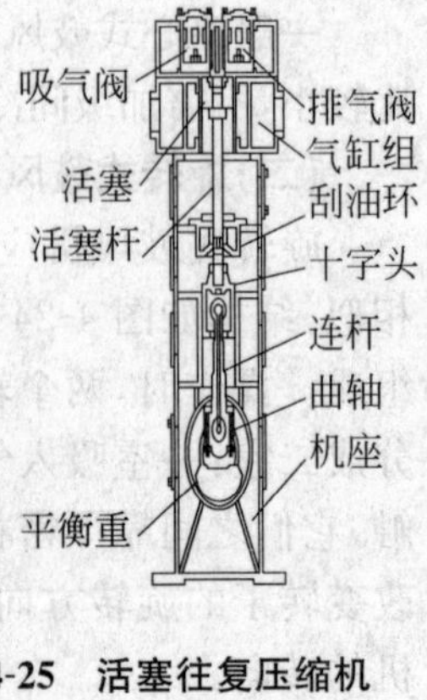

图 4-25 活塞往复压缩机结构示意图

如图 4-26 所示，活塞在气缸内做周期性往复运动时，活塞与气缸组成的空间(称为工作容积)周期性地扩大与缩小。当空间扩大时，气缸内的气体膨胀，压力降低，吸入气体；当空间缩小时，气体被压缩，压力升

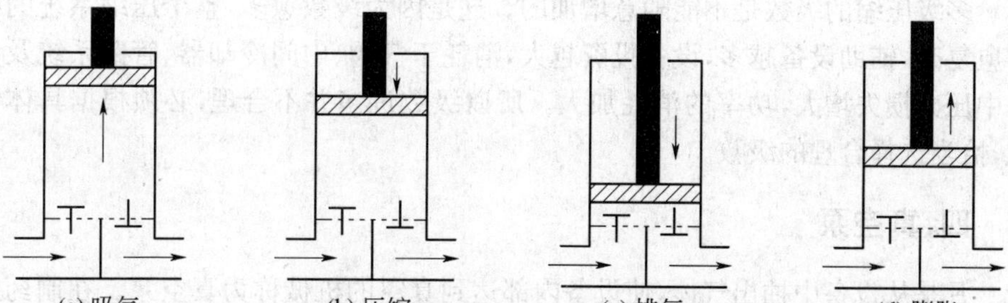

图 4-26　往复压缩机工作过程示意图

高，排出气体。活塞往复一次，依次完成吸气、压缩、排气、膨胀这四个过程，总称为一个工作循环。当要求排出压力较高时，可以采用多级压缩。

与往复泵一样，往复式压缩机的排气量也是脉动的。为使管路内气体流量稳定，压缩机出口应与贮气罐连接，气体中夹带的油沫和水沫在此沉降，定期排放。为安全起见，贮气罐要安装压力表和安全阀。压缩机的吸气口需安装过滤器，以免吸入杂物，造成机件的磨损。

往复式压缩机的特点是适应性强，在气体输送机械中，其排出压力范围最广，从低压到高压都适用。但因其外形尺寸大，结构复杂，易损件多，气流脉动，常用于中、小流量及压力较高的场合。

(二)多级压缩

由于往复式压缩机的汽缸中有余隙容积，每压缩一次所允许的压缩比不能太大。为了满足实际生产的需要，在压缩比大于时 8，可采用多级压缩。

如图 4-27 所示，所谓多级压缩是将两个或两个以上气缸串联起来，把气体的压缩过程分在若干级中进行，并在每级压缩之后将气体导入中间冷却器进行冷却，经若干次压缩后达到要求的最终压力。多级压缩具有降低排气温度、减少功耗、提高气缸利用率、使压缩机的结构更趋合理等优点。

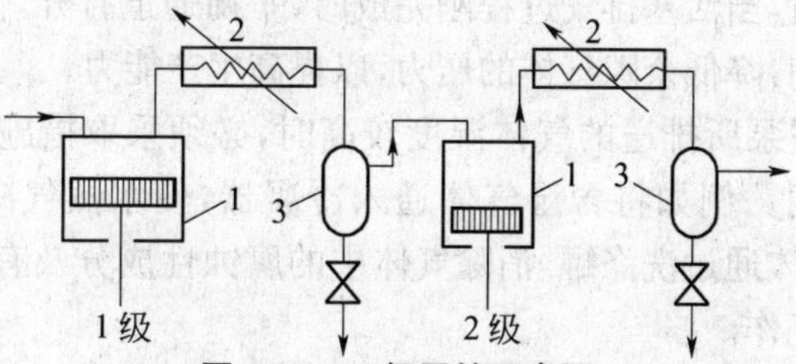

图 4-27　二级压缩示意图

1. 气缸　2. 冷却器　3. 油水分离器

多级压缩的级数是不能随意增加的。这是因为级数愈多，整个压缩系统的结构愈复杂，辅助设备越多，设备投资越大，消耗于气阀、中间冷却器、管路系统及设备中压力损失增大，功率的消耗加大。所以级数过多并不合理，必须根据具体情况，恰当选择合理的级数。

四、真空泵

凡是从设备中抽出气体，使设备内部达到真空的机械称为真空泵。在制药生产过程真空泵应用十分广泛，如减压蒸馏、减压浓缩、真空干燥及结晶等过程，都需要真空泵形成一定的真空才能进行操作。

按真空泵的工作原理，真空泵基本上可以分为两种类型：气体传输泵和气体捕集泵。

气体传输泵是一种能使气体不断的吸入和排出，借以达到抽气目的的真空泵，这种泵基本上有两种类型：一种是变容式真空泵，它是利用泵腔容积的周期性变化来完成吸气和排气过程，气体在排出前被压缩。这种泵又分为往复式及旋转式两种。另一种是动量传输式真空泵，它是利用高速旋转的叶片或高速射流，把动量传输给气体或气体分子，使气体连续不断地从泵的入口传输到出口。这种泵主要有分子泵、喷射真空泵、扩散泵几种类型。

气体捕集泵是一种使气体分子被吸附或凝结在泵的内表面上，从而减小了容器内的气体分子数目而达到抽气目的的真空泵。这种泵主要有吸附泵和低温泵等。

目前，工业中应用最多的是水环式真空泵和旋片式真空泵等。

(一)往复式真空泵

往复式真空泵是一种干式真空泵，其构造与原理和往复式压缩机基本相同，只是其吸入阀、排出阀要求更加轻巧，启闭更加灵敏。当吸入口的压力较低时，压缩比很大，余隙中气体的影响更为突出，为了减小余隙气体的影响，可在真空泵缸壁上设置平衡通道，当活塞排气过程刚完成时，平衡通道打开，使余隙中的部分气体流至活塞另一侧，降低余隙气体的压力，以提高生产能力。

当往复式真空泵所排送的气体湿度较高时，必须采取措施，把可凝性气体设法除掉再进入泵内。例如将含湿气体通入冷凝器，使水蒸气冷凝下来与空气分离，或者将排出气体通过洗涤罐，消除气体中的腐蚀性成分及有机溶剂蒸汽，以确保真空泵的正常工作。

往复式真空泵是获得真空的主要设备之一，它与水环式真空泵相比较，具有真空度高、消耗功率低等优点。主要用于从密闭容器中或反应器中抽除空气与其他气体，不适用于抽除腐蚀性的气体或者带有颗粒灰尘的气体。

往复式真空泵由于转速低、排气量不均匀、结构复杂、零件多、易于磨损等缺陷，近年来已越来越多地被其他形式的真空泵所取代。

(二)水环式真空泵

水环式真空泵属于湿式真空泵，其结构如图 4-28 所示。水环式真空泵的外壳呈圆形，带有多叶片的转子偏心装在泵壳内。水环泵工作时，泵内注入一定量的工作液(通常为水)。当叶轮按图中顺时针方向旋转时，水被叶轮抛向四周，由于离心力的作用，水形成了一个决定于泵腔形状的近似于等厚度的封闭圆环。此水环具有液封作用，使叶片的空隙形成许多大小不同的密封室。由于叶轮的旋转运动，密封室由小变大形成真空，将气体从吸入口吸入，继而密封室由大变小，气体由排出口排出。因此，水环式真空泵是靠泵腔容积的变化来实现吸气、压缩和排气的，它属于变容式真空泵。

水环式真空泵结构简单、紧凑，没有活门，易维修制造，旋转时没有机械摩擦，使用寿命长，操作可靠。适用于抽吸含有液体的气体，尤其在有腐蚀性或爆炸性气体时更为适宜。该泵所能造成的真空度受泵体中水的温度限制。

(三)旋片式真空泵

旋片式真空泵属于干式真空泵，其结构如图 4-29 所示。旋片式真空泵主要由泵体、转子、旋片、端盖、弹簧等组成。在旋片式真空泵的腔内偏心地安装一个转子，转子外圆与泵腔内表面相切(二者有很小的间隙)，转子槽内装有带弹簧的两个旋片，把转子、泵腔和两个端盖所围成的月牙形空间分隔成 A，B，C 三部分。

当转子按箭头方向旋转时，靠离心力和弹簧的张力使旋片顶端与泵腔的内壁

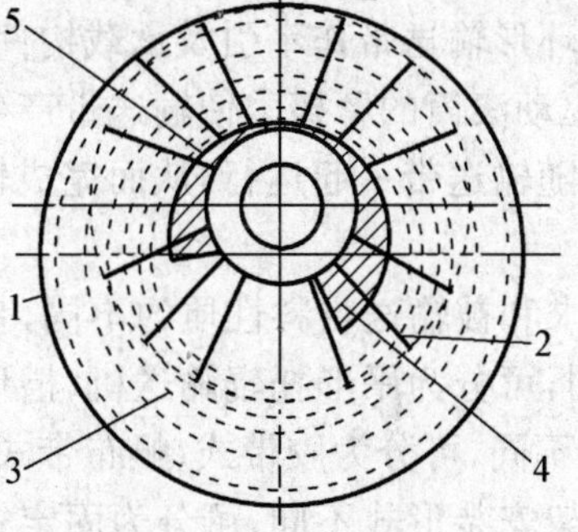

图 4-28　水环式真空泵

1. 外壳　2. 叶片　3. 水环　4. 吸入口　5. 排出口

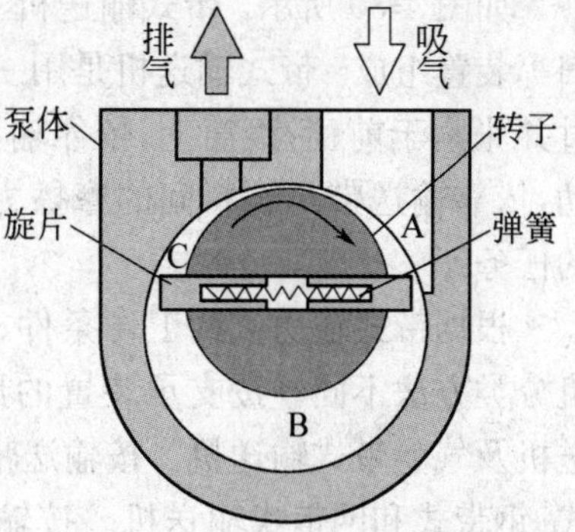

图 4-29　旋片式真空泵

保持接触,转子旋转带动旋片沿泵腔内壁滑动。此时,与吸气口相通的空间A的容积逐渐增大,处于吸气过程。而与排气口相通的空间C的容积逐渐缩小,处于排气过程。居中的空间B的容积也逐渐减小,处于压缩过程。由于空间A的容积是逐渐增大(即膨胀),气体压强降低,泵的入口处外部气体压强大于空间A内的压强,因此将气体吸入。当空间A与吸气口隔绝时,即转至空间B的位置,气体开始被压缩,容积逐渐缩小,最后与排气口相通。当被压缩气体超过排气压强时,排气阀被压缩气体推开,气体穿过油箱内的油层排至大气中。由于泵的连续运转,转子每旋转一周,就有两次吸入和排出过程。

旋片式真空泵为旋转式真空泵的一种,是真空技术中最基本的真空获得设备之一。其主要部分浸于液体油中,以密封各部分间隙,充填有害的余隙和得到润滑。旋片式真空泵适用于抽除干燥或含有少量可凝性蒸汽的气体,不适用于抽除含尘和对真空泵油起化学作用的气体。但抽气速率较小,一般应用于实验室或小型设备的抽真空。

第三节 固体物料输送设备

固体物料输送设备是指沿给定线路输送散粒物料或成件物品的机械。制药生产中常用的连续式输送设备主要有挠性牵引构件输送设备、无挠性牵引构件输送设备和气力输送设备。

一、挠性牵引构件输送设备

(一)带式输送机

如图4-30所示,带式输送机主要由传送带、托辊、滚筒、驱动、张紧、改向、清扫等装置组成。带式输送机是用一根闭合环形输送带作牵引及承载构件,将其绕过并张紧于前、后滚筒上,依靠输送带与驱动滚筒的摩擦力使输送带产生连续运动,依靠输送带与物料间的摩擦力使物料随输送带一起运行,从而完成输送物料的任务。

根据带式输送机的工作条件、工作要求和被输送物料性质的不同,带式输送机分类方法不同。按支承装置的形式不同,可分为平形托辊输送机、槽形托辊输送机及气垫带式输送机。按输送带的种类不同,可分为胶带式、帆布带式、塑料带式、钢带式和网带式输送机。按输送机机架安装形式不同,可分为固定式和移动式两大类。输送带上还可增设推板、侧挡板、裙边等附件,以满足各种工艺要求。

带式输送机的优点是结构简单,操作方便,便于维护;输送路线布置灵活,适

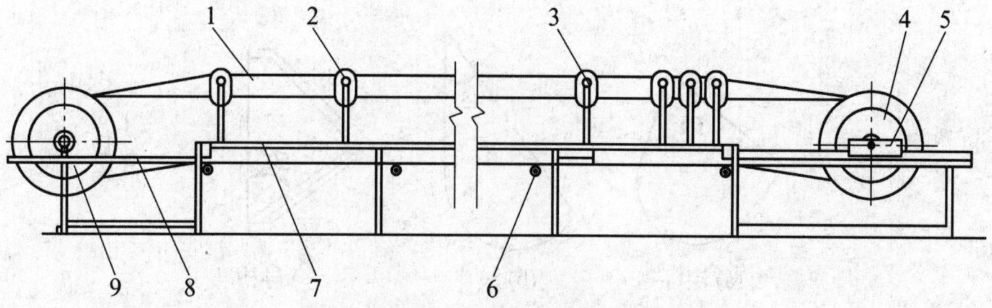

图 4-30　带式输送机

1. 传送带　2. 上托辊　3. 缓冲托辊　4. 改向滚筒　5. 螺栓张紧装置　6. 下托辊　7. 中间架　8. 头架　9. 传动滚筒

应性广，可输送多种物料；输送能力大，输送距离长，能耗低；能连续、稳定地输送，输送过程中物料破损小。

带式输送机的缺点是一次性投资大，输送带易磨损，不能在垂直或大坡度方向上输送物料。

带式输送机常用于块状、颗粒状物料及小体积整件物品的输送。同时还可用作选择、检查、包装、清洗和预处理操作台等。

(二)斗式提升机

斗式提升机是利用均匀固接于末端牵引构件上的一系列料斗，竖向提升物料的连续输送机械。如图 4-31 所示，斗式提升机主要由牵引件、滚筒、料斗、传动装置、张紧装置、加料和卸料装置构成。斗式提升机运转时，在提升机的加料口将物料加入料斗，盛于料斗中的物料随牵引件连续向上移动，在转过传动滚筒的顶端后，由于料斗的翻转，将物料从卸料口卸出。

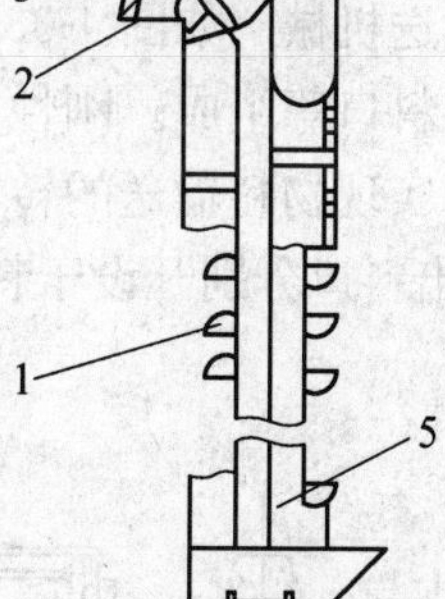

图 4-31　斗式提升机结构示意图

1. 料斗　2. 出料口　3. 电动机　4. 减速箱　5. 进料口　6. 张紧装置

为了适应不同性质的物料的输送要求，料斗分为深斗、浅斗和导槽斗三种，如图 4-32 所示，深斗底部形状为圆形，适用于运送干燥、松散、易于卸出的物料；浅斗底部也为圆形，适用于运送潮湿、易结块、难以卸出的物料；导槽斗增加了导槽结构，提高了其卸料效果。

斗式提升机的牵引件有胶带和链条两种。胶带牵引件适合生产能力不大、中等提升高度、磨损性小的粉状及小颗粒物料的输送。链条牵引件常用板链或环

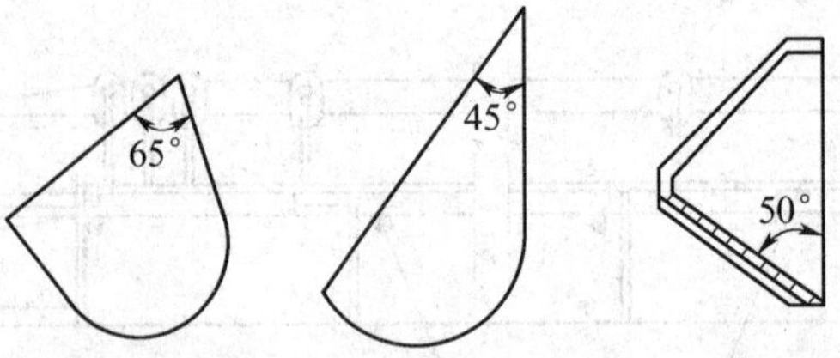

(a) 深斗 (b) 浅斗 (c) 导槽斗

图 4-32 料斗形状

链，适合生产能力大及提升高度较大、物料温度较高的场合。

斗式提升机的优点是横断面上的外形尺寸较小，可使输送系统布置紧凑；提升高度大；有良好的密封性等。其缺点是对过载的敏感性大，料斗和牵引构件较易损坏。

斗式提升机主要用于垂直或大角度倾斜时输送粉状、颗粒状及小块状物料场合，一般输送高度可达 30～60 m。

二、无挠性牵引构件输送设备

(一)螺旋输送机

螺旋输送机俗称搅龙，是一种用于短距离水平或垂直方面输送散状物料的连续性输送机械。如图 4-33 所示，水平螺旋输送机主要由料槽、螺旋转轴、驱动装置和进出料口等组成。刚性的螺旋体通过头、尾部和中间部位的轴承支承于料槽，形成可实现物料输送的转动构件，螺旋转轴的运转通过安装于头部的驱动装置实现，进出料口分别开设于料槽尾部上侧和头部下侧。

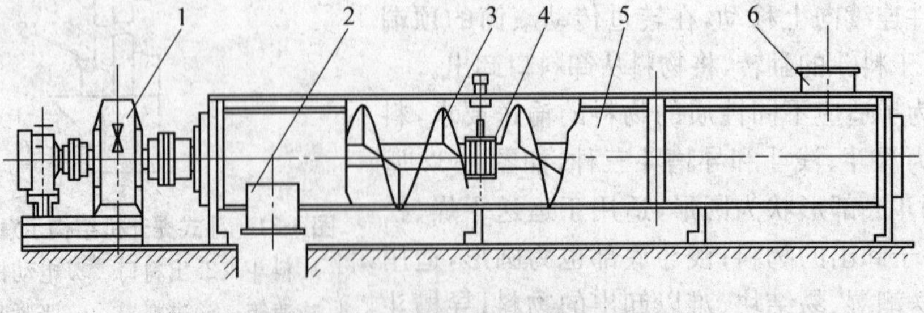

图 4-33 螺旋输送机结构示意图

1. 驱动装置 2. 出料口 3. 螺旋轴 4. 吊挂轴承 5. 机槽 6. 进料口

螺旋输送机运转时，利用螺旋转轴上的螺旋叶片旋转时所产生的轴向推力，将被输送的物料沿料槽向前推移。由于物料自身重量和螺旋输送机壳对物料的摩擦阻力，物料不随螺旋叶片一起旋转，而是在螺旋叶片间以滑动形式沿料槽轴线方向向出料口移动，完成输送任务。

螺旋叶片为螺旋形空间曲面，其面型根据输送物料的不同有实体面型、带式面型、叶片面型等型式。实体面型适用于输送干燥小颗粒或粉状物料；带式面型适用于输送块状或黏滞性的物料；叶片面型适用于输送黏度较大和可压缩性物料，在输送的同时，还可对物料进行搅拌、混合等工艺操作。

按安装形式螺旋输送机可分为固定式和移动式，按输送方向或工作转速可分为水平慢速和垂直快速两种，工程实际中较常用的为固定式、水平慢速螺旋输送机。

螺旋输送机与其他输送设备相比，具有整机截面尺寸小、密封性能好、运行平稳可靠、可中间多点装料和卸料及操作安全、维修简便等优点。但其不宜输送易变质的、黏性大的、易结块的及大块的物料。输送过程中物料易破碎，螺旋叶片及料槽易磨损。

(二)振动输送机

振动输送机是利用料槽的振动，使槽内物料沿一定方向滑行或抛移的连续输送机械。如图 4-34 所示，振动输送机由槽体、传动装置、连杆机构和机座组成。

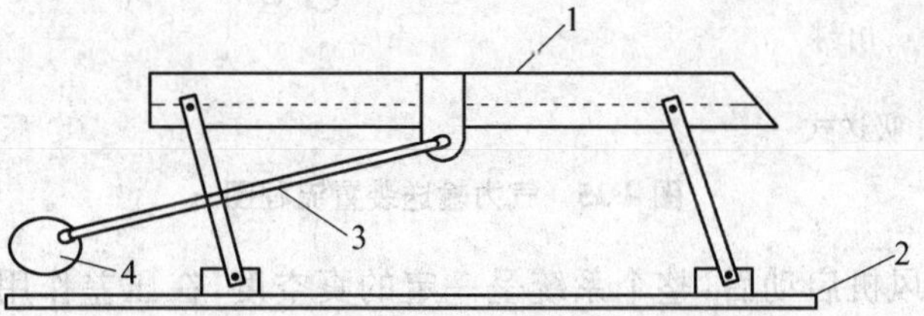

图 4-34　振动输送机结构示意图

1.槽体　2.机座　3.连杆机构　4.传动装置

振动输送机工作时，槽体向前振动，依靠物料与槽体之间的摩擦力，使物料向前做加速运动。当槽体向后振动时，物料因惯性作用，仍向前运动，槽体则从物料下面往后运动。物料越过一段距离后又回到槽体上，当槽体再次向前振动时，物料又因受到加速而向前运动，如此反复，实现物料的输送。

振动输送机实现振动的方法有机械式和电磁式两种。机械式的振动可采用凸轮、气动或振动电机来实现。槽体可制成直槽式和圆盘式。

振动输送机结构简单，制造方便，占地小，维护管理容易，但是输送能力较小，有振动噪声，不宜用于潮湿、黏性大或粒度小的粉末物料的输送。

三、气力输送装置

气力输送装置又称气流输送装置，是利用气流的能量使颗粒状物料呈悬浮状态随气流沿密闭管道输送的装置，是流态化技术的一种具体应用。

如图 4-35 所示，气力输送装置主要由加料器、输料管、分离器、卸料器和料仓等组成。根据设备组合情况的不同，气力输送装置一般可分为吸送式、压送式和混合式三种基本形式。

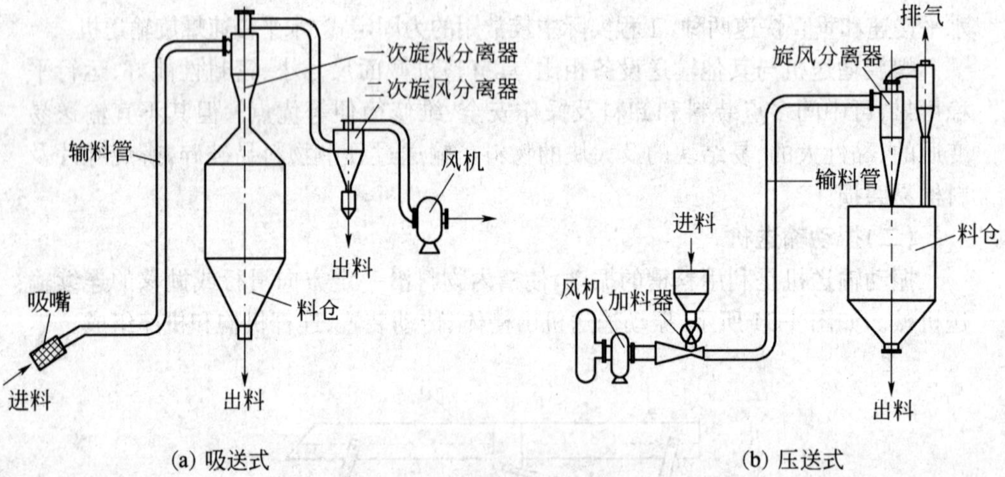

图 4-35 气力输送装置流程图

吸送式　风机启动后，整个系统呈一定的真空度，在压差作用下空气流使物料进入吸嘴，并沿输料管送至卸料处的分离器内，物料从空气流中分离后由分离器底卸出，气流经除尘器净化后再经消声器排入大气。吸送式气力输送装置的优点是供料简单，能从数处同时吸取物料。但输送距离短，生产率低，密封性要求高。而且，为了保证风机可靠工作及减少零件磨损，进入风机的空气必须预先进行除尘。

压送式　鼓风机将空气压入输料管，物料从加料器加入，空气和物料的混合物沿输料管被压送至卸料处，物料经分离器后卸出，空气经除尘器净化后排入大气。其特点与吸送式相反，可同时将物料输送到几处，输送距离较长，生产率较高，对空气的除尘要求不严格，但结构复杂。

混合式　为上述两种形式的组合。其缺点是含尘的空气要通过鼓风机，使其工作条件变差，同时整个装置的结构也较复杂。

气力输送装置的结构简单，操作方便，可做水平、垂直或倾斜方向的输送，在输送过程中还可同时进行物料的加热、冷却、干燥和气流分级等物理操作或某些化学操作。与机械输送相比，此法能量消耗较大，颗粒易受破损，设备也易受磨蚀。不宜输送含水量多、有黏附性或在高速运动时易产生静电的物料。

【技能训练】

离心泵操作训练

★训练目标

(1)了解离心泵的结构与特性,学会离心泵的操作。

(2)掌握离心泵操作中故障的分析、判断及排除。

(3)增强设备的使用安全意识。

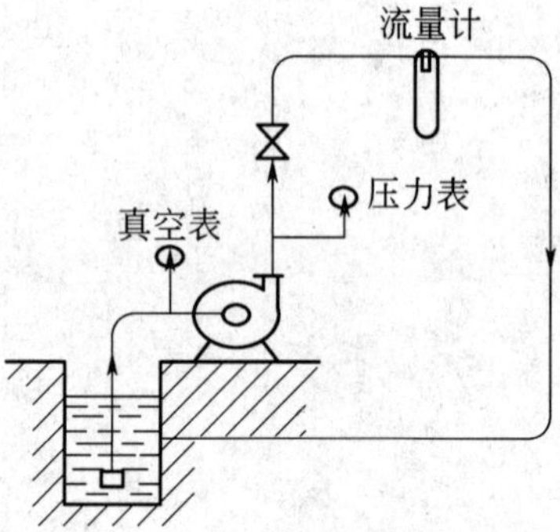

图 4-36 离心泵装置示意图

★训练准备

(1)了解离心泵的结构与特性及基本原理。

(2)了解离心泵流量调节的方法。

(3)离心泵装置如图 4-36 所示。

★操作步骤

盘车检查 ⇨ 灌泵 ⇨ 启动泵 ⇨ 流量调节 ⇨ 停泵

★思考与分析

(1)正常运行的泵出现流量下降,可能由哪些原因引起的?

(2)离心泵的巡回检查应注意哪些问题?

(3)离心泵的启动应注意哪些问题?

★拓展训练

备用泵切换操作。

第五章　机械分离设备

知识目标

- 理解机械分离的工作原理。
- 熟悉机械分离设备的基本结构、性能特点及在生产中的应用。
- 掌握机械分离设备的运转、维护、常见故障及处理方法。

能力目标

- 能够正确操作板框压滤机和离心机，能进行简单的故障处理。

第一节　概　　述

在制药生产过程中常遇到的混合物可分为两大类：一类是均相混合物，如溶液、气体混合物等，其特点是物系内部各处物料性质均匀，且不存在相界面；另一类是非均相混合物，如悬浮液、乳浊液、含尘气体、含雾气体等，其特点是物系内部两相有分界界面存在，且界面两侧物料性质（如密度、粒度）截然不同。

一、非均相混合物的分类

非均相混合物由分散相和连续相组成。分散相是指非均相混合物中处于分散状态的物质，又称为分散物质，如空气中含有的尘粒、悬浮液中的固体颗粒等；连续相是指包围着分散物质的处于连续状态的流体，又称为分散介质，如含尘气体中气体、悬浮液中的液体等。

按照连续相的相态不同，我们可以把非均相混合物分为气态非均相混合物和液态非均相混合物。在气态非均相混合物和液态非均相混合物中，按照分散相的不同，我们又可以做如下分类：

气态非均相混合物	气—固非均相混合物	沸腾制粒机中漂浮着颗粒的气流
	气—液非均相混合物	蒸发器上部的泡沫液
液态非均相混合物	液—固非均相混合物	混悬剂
	液—液非均相混合物	乳剂

对于非均相混合物,工业上一般采用机械分离方法将两相进行分离,即造成分散相和连续相之间的相对运动。

二、非均相混合物的分离方法

非均相混合物的显著特点是具有两个或两个以上的相,相界面两侧的物料性质截然不同。如由大小不相等或密度不同的物质所组成的固体混合物、由固体颗粒与液体组成的悬浮液、由互不相溶的液体所组成的乳浊液及由固体颗粒(或液滴)所组成的含尘(或雾)气体等。因此,根据相态和分散物质尺寸的大小,可采用的分离方法如图 5-1 所示。

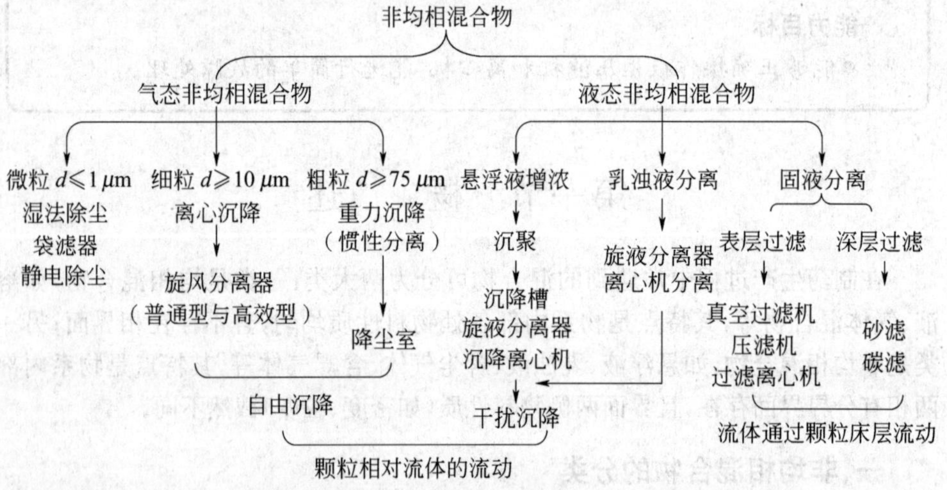

图 5-1　非均相混合物的分离方法

三、非均相混合物的分离在制药生产中的应用

在制药生产中,非均相混合物分离的应用主要有以下几个方面:

回收分散物质　收集粉碎机、沸腾干燥器、喷雾干燥器等制药设备出口气流中的药物颗粒,这些颗粒作为制药生产中的产品是必须回收的。

净化分散介质　除去药液中无用的悬浮颗粒以得到澄清的药液,除去空气中的尘粒以得到洁净的空气等都是对分散介质的净化。

保护环境　为了保护人类生态环境,制药生产中形成的废气、废液和废渣在排放以前,须采用一定的分离手段将其中的有害物质除去,使废气或废液浓度达到排放标准才可以排放。

第二节 沉降设备

沉降是指在重力或惯性离心力作用下,利用分散相和连续相之间的密度差异,使之发生相对运动而实现分离的单元操作。依据作用力的不同,沉降又可分为重力沉降和离心沉降,其原理如图 5-2 所示。

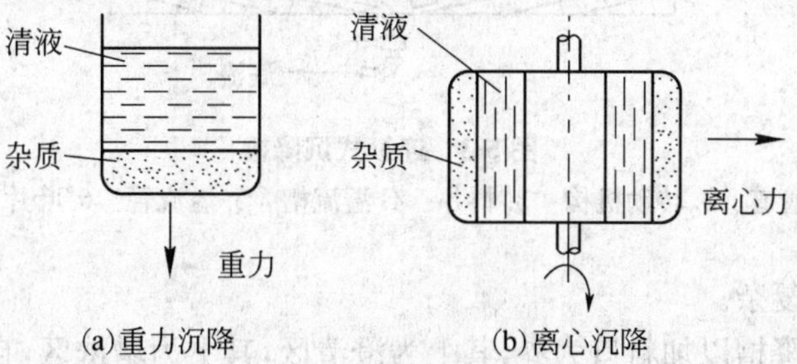

图 5-2 沉降原理

一、重力沉降设备

利用重力场的作用而进行的沉降过程称为重力沉降。制药生产中遇到的固体颗粒大多是由大小不同的非球形的粒子组成的集合体,对于两相密度差较大,颗粒粒度较大的非均相混合物可采用重力沉降的方法进行分离。

(一)沉降槽

沉降槽也称增浓器或澄清器,是用来提高悬浮液浓度并同时得到澄清液的重力沉降设备。当沉降分离的目的是为了得到澄清液时,所用设备称为澄清器;若分离目的是得到含固粒子的沉淀物时,所用设备称为增稠器。悬浮液的增稠常作为过滤分离的预处理,以减小过滤设备的负荷。

沉降槽可间歇操作或连续操作。如图 5-3 所示,连续式沉降槽是底部略成锥状的大直径浅槽,其直径小者几米,大者可达数百米,高度为 2.5~4.0 m。悬浮液经中央进料管送到液面以下 0.3~1.0 m 处,在尽可能减小扰动的条件下,迅速分散到整个横截面上,清液向上流动,经内槽顶端四周的溢流堰连续排出,称为溢流;固体颗粒下沉至底部,槽底有缓慢旋转的耙将沉渣聚拢到槽底中央的排渣口连续排出,称为底流。

连续沉降槽的生产能力与沉降槽的高度无关。因此,有时将数个沉降槽垂直叠放,公用一根中心竖轴带动各槽的转耙。这种多层沉降槽可以节省地面,但操

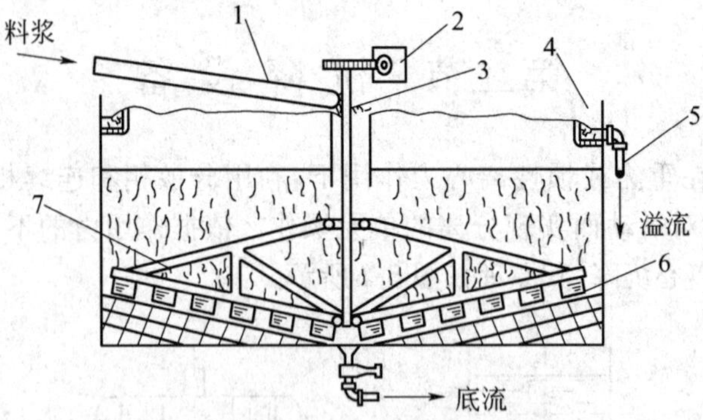

图 5-3 连续式沉降槽

1.进料槽道 2.转动机构 3.料井 4.溢流槽 5.溢流管 6.叶片 7.转耙

作和控制较为复杂。

连续式沉降槽以加料口为界，其上为澄清区，其下为增浓区，自上而下颗粒浓度逐渐增加。沉降槽有澄清液体和增浓悬浮液的双重功能，为了获得澄清液体，在澄清区的任何瞬间液体向上的流速必须小于需要完全分离出来的最小颗粒的沉降速度。因此沉降槽应有足够的横截面积，保证澄清液向上及增浓液向下的通过能力。为了把沉渣增浓到指定程度，沉降槽加料口以下应有足够的高度，以保证压紧沉渣所需要的时间。

为了提高给定尺寸和类型的沉降槽的处理能力，还可以通过加入凝聚剂或絮凝剂，促使细微颗粒或胶粒结合成大颗粒而加速沉降。

沉降槽的优点是结构简单，处理量大，操作易实现连续化和机械化。缺点是设备庞大，占地面积大，分离效率低。适用于处理量大而固相含量不高，颗粒较粗的悬浮液。工业上大多数污水处理都采用连续沉降槽，中药前处理工艺中的水提醇沉工艺或醇提水沉工艺也可选用间歇式沉降槽来完成。

（二）降尘室

利用重力沉降原理从气流中分离固体尘粒的设备称为降尘室。降尘室可分为水平气流降尘室和垂直气流降尘室。水平气流降尘室如图 5-4 所示，其工作原理如图 5-5 所示。含尘气体由管道进入降尘室后，因流道截面积扩大而流速降低。颗粒在随气流以速度 u 水平向前运动的同时，在重力的作用下，以沉降速度 u_t 向下沉降。只要颗粒能够在气体通过降尘室的时间内降至室底，颗粒就可从气流中被分离出来。

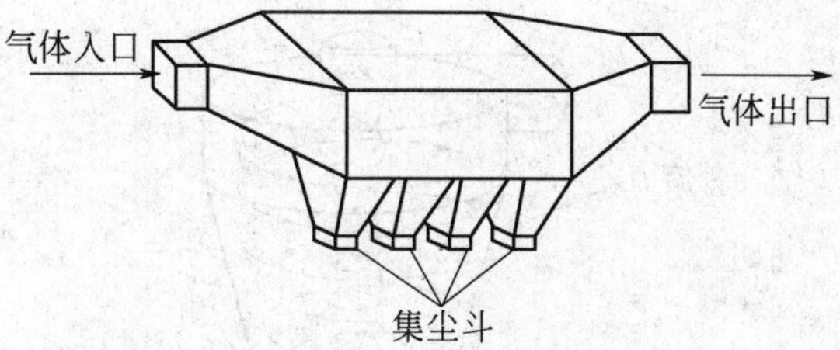

图 5-4　降尘室结构示意图

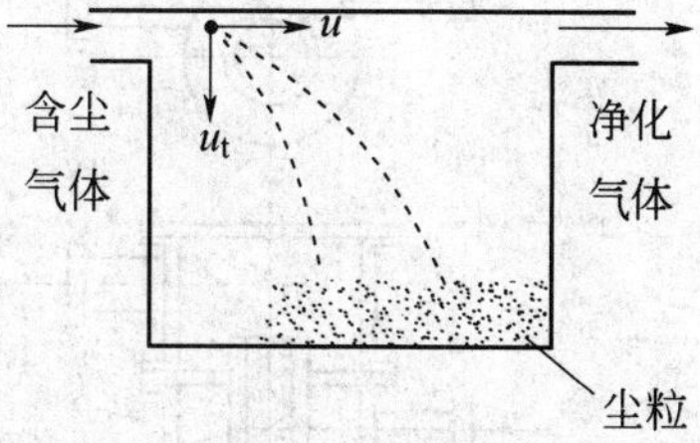

图 5-5　尘粒在降尘室内的运动情况

降尘室的生产能力只与其底面积、沉降速度有关，而与降尘室高度无关，故降尘室一般采用扁平的几何形状，并可在室内均匀加设多层水平隔板，形成多层降尘室。

需要指出的是，由于所处理的气体中粉尘颗粒的大小不均，设计降尘室时应以所需分离的最小颗粒直径为基准。此外，降尘室中的气体流速不能过高，应保证气体流动的雷诺数处于层流区，防止将已沉降下来的颗粒重新卷起。一般降尘室内气体速度应不大于 3 m/s，具体数值应根据要求除去的颗粒大小而定。

降尘室结构简单，流体阻力小，但体积庞大，分离效率低，通常只适用于分离粒度大于 50～100 μm 的粗颗粒，一般作为预除尘设备使用。多层降尘室虽能分离较细的颗粒且节省地面，但清灰比较麻烦。

二、离心沉降设备

利用惯性离心力的作用，使流体中的固体颗粒分离出来的过程称为离心沉降。当颗粒较小时，其沉降速度小，需要较大的沉降设备。为了提高生产能力，可采用离心沉降，因为离心力比重力大很多倍。

(一)旋液分离器

旋液分离器又称为水力旋流器，是利用离心力从悬浮液中分离固体颗粒的设备，其构造结构如图 5-6 所示。旋液分离器的主体由直径较小的圆筒体和较长的圆锥体两部分组成。这是由于液固密度差比气固密度差小得多，在一定的切线进口速度下，较小的旋转半径可使固体颗粒受到较大的离心力，从而提高离心沉降速度。另外，适当地增加圆锥部分的长度可延长悬浮液在器内的停留时间，有利于固液分离。

悬浮液经切线安装的进料管进入圆筒，形成螺旋状向下运动的旋流，固体颗粒受惯性离心力作用被甩向器壁，并随旋流降至锥底的出口，由底部排出，清液或含有微细颗粒的液体则为上升的内旋流，从顶部的中心管排出。

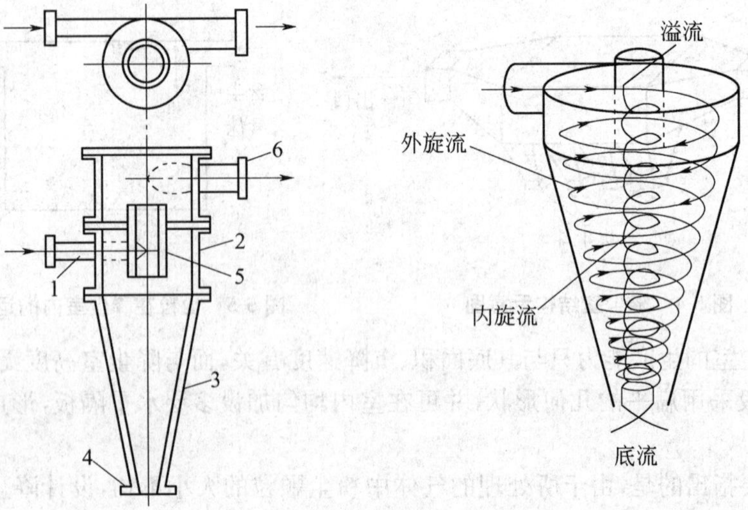

图 5-6 旋液分离器

1. 悬浮液入口 2. 壳体 3. 锥体 4. 底流出口 5. 中心管 6. 溢流出口

旋液分离器进料泵的动能消耗大，内壁磨损大，进料流量和浓度的变化很容易影响分离性能。从分离角度看，在流量一定时，选用若干小直径悬液分离器并联运行，效果好于一个大直径的悬液分离器。所以可根据各种出厂型号匹配处理。

旋液分离器结构简单，设备费用低，占地面积小，处理能力大，可用于悬浮液的增浓，分级操作，也可用于不互溶液体的分离、气液分离、传热、传质和雾化等操作中，在制药等工业部门被广泛采用。

(二)旋风分离器

旋风分离器为一种重要的气固分离设备，在工业上应用已有近百年的历史，具有结构简单、无运动部件、造价低廉、操作方便、分离效率高等特点，目前仍是工业上常用的分离和除尘设备。

如图 5-7 所示，旋风分离器主体分为上下两部分，上部为圆柱形筒体，下部为圆锥形筒体，上部有排气管和沿切线安装的进气管，下部有排灰管组成。

含尘气体从进气管沿切向进入，受圆筒壁及器顶的约束而沿器壁向下做螺旋运动(这股气流称为外旋流)，气体中的粉尘在离心力的作用下被抛向器壁而与气流分离，粉尘因重力作用而沿器壁落至锥底的灰斗。

外旋流在沿器壁下旋过程中，中心形成一柱形低压区，由排气管入口一直延伸至锥底。当外旋流下旋至锥底时，使锥底的压力增大，迫使气流旋向中心的低压区而形成上旋的内旋气流，最后夹带少量粉尘由顶部排气管排出。

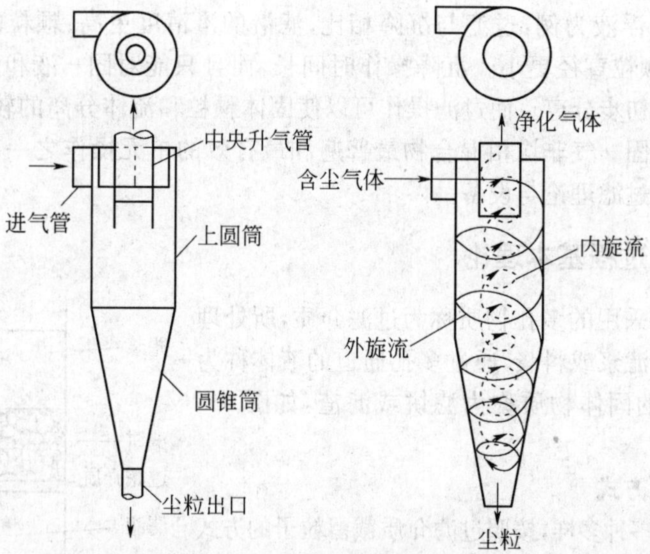

(a) 标准旋风分离器　　(b) 气体在旋风分离器内的运动情况

图 5-7　旋风分离器

因内、外旋流气体的旋转方向相同，不会形成涡流。但若排灰管与灰斗间的密封联接不良，易使气流在锥底产生涡流，把已收集在锥底的粉尘重新卷起，严重降低分离效率。

旋风分离器一般用来除去气流中直径在 5 μm 以上的尘粒。对颗粒含量高于 200 g/m^3 的气体，由于颗粒聚结作用，它甚至能除去 3 μm 以下的颗粒。旋风分离器还可以从气流中分离出雾沫。对于直径在 200 μm 以上的粗大颗粒，最好先用重力沉降法除去，以减少颗粒对分离器器壁的磨损，对于直径在 5 μm 以下的颗粒，一般旋风分离器的捕集效率已不高，需用袋滤器或湿法捕集。旋风分离器不适用于处理黏性粉尘、含湿量高的粉尘及腐蚀性粉尘。此外，气量的波动对除尘效果及设备阻力影响较大。

第三节　过滤设备

过滤是指以某种多孔物质作为介质，在外力的作用下，使流体通过介质的孔道而固体颗粒被截留下来，从而实现固体颗粒与流体分离目的的单元操作。

制药工业中，过滤操作不仅能分离粗、细颗粒，也可以分离细菌、病毒和高分子物质。以悬浮液为例，过滤与沉降相比，滤液的澄清度更高、颗粒的含水量更低，且拦截的颗粒直径更小。沉降操作时间长，而且只能对固—液和固—气非均相混合物进行初步分离。而过滤操作可以使固体颗粒和流体分离的较为完全，是分离固—液和固—气非均相混合物最普遍和最有效的单元操作之一。本节着重介绍悬浮液的过滤理论与设备。

一、过滤过程基本理论

过滤操作采用的多孔物质称为过滤介质，所处理的悬浮液称为滤浆或料浆，通过多孔通道的液体称为滤液，被截留的固体物质称为滤饼或滤渣，如图 5-8 所示。

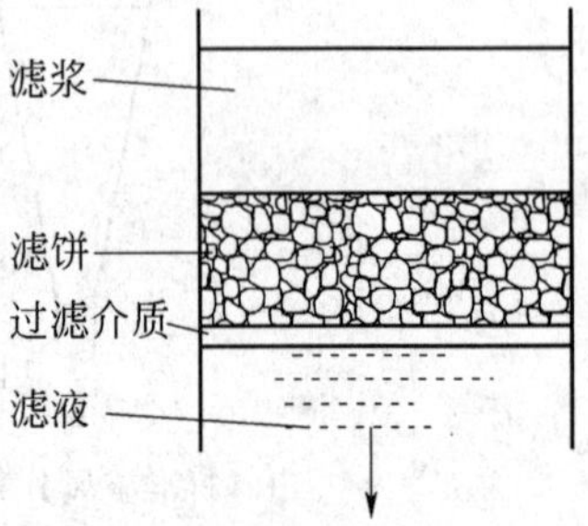

图 5-8 过滤操作示意图

(一)过滤方式

过滤方式多种多样，按照过滤介质截留粒子的方式分为表面过滤和深层过滤；按照过滤推动力的不同可以分为重力过滤、离心过滤、加压过滤和减压过滤；按照过滤介质孔径和滤液的质量又分为粗滤和精滤等。

1. *表面过滤* 又称为滤饼过滤或饼层过滤，如图 5-9 所示。过滤时，悬浮液置于过滤介质的一侧，固体颗粒沉积于介质表面而形成滤饼层。过滤介质中微细孔道的直径可能大于悬浮液中部分颗粒，因而，过滤之初会有一些细小颗粒穿过介质而使滤液混浊，但是随着颗粒在孔道中“架桥”现象的发生，小于孔道直径的细小颗粒也能被截拦，如图 5-10 所示。故当滤饼开始形成时，滤液即变清，此后过滤才能有效地进行。可见，在滤饼过滤中，真正发挥截拦颗粒作用的主要是滤饼层而不是过滤介质。通常，过滤开始阶段得到的混浊液，待滤饼形成后应返回滤浆槽重新处理。滤饼过滤适用于处理颗粒含量较高的悬浮液，是制药生产中的主要过滤方式。

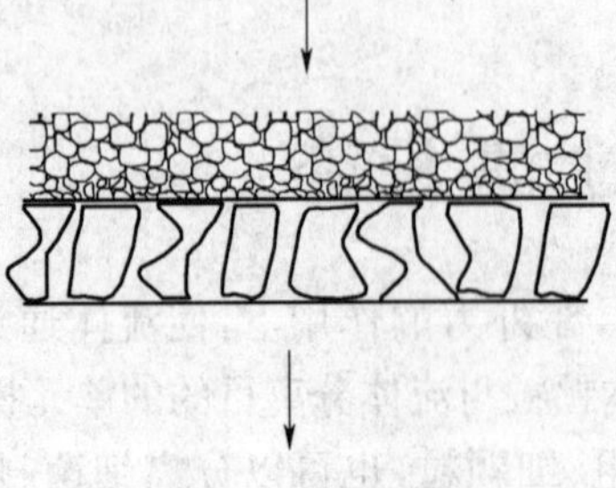
图 5-9 表面过滤

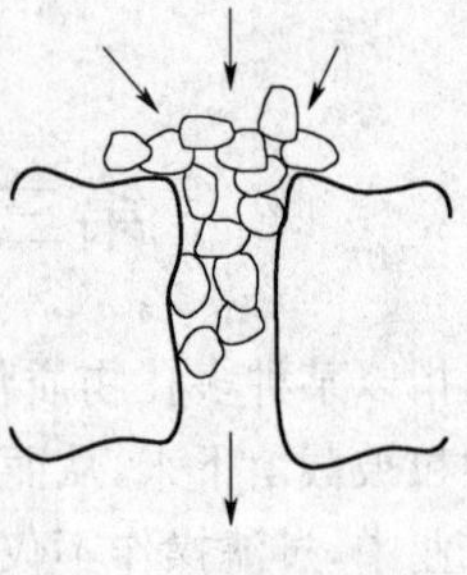
图 5-10 “架桥”现象

2. 深层过滤　深层过滤的过滤介质是较厚的粒状介质床层，如图 5-11 所示，过滤时固体颗粒的沉积发生在较厚的过滤介质内部，过滤介质表面上无颗粒层形成。由于悬浮液中的颗粒直径小于介质孔道直径，当液体在过滤介质曲折孔道内穿过时，颗粒随液体一起进入介质的孔道内，依靠直接拦截、扩散沉积及静电等作用，使颗粒在流动过程中黏附于孔道壁面上。这种过滤适用于悬浮液中颗粒尺寸很小而且含量甚微的场合，如生产用水的初步净化，且过滤介质必须定期更换或清洗再生。

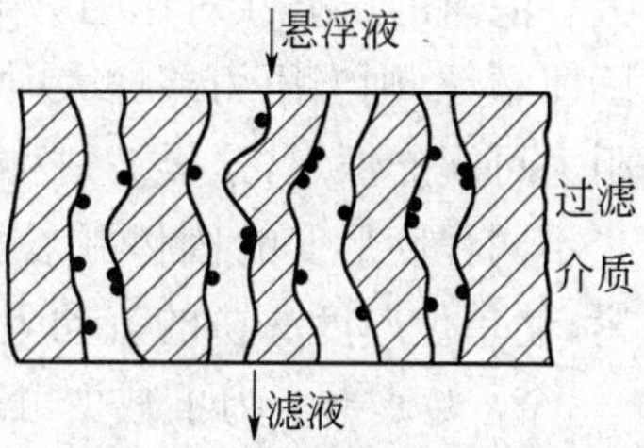

图 5-11　深层过滤

(二)常用过滤介质

凡是能使滤浆中液体通过，其所含固体颗粒被截留，以达固液分离目的的多孔物质都统称为过滤介质。它是过滤设备上的重要组成部分，它决定了过滤操作的分离精度和效率，也直接影响过滤设备的生产能力及动力消耗。常用的过滤介质有以下几类：

1. 织物介质　又称滤布，包括由棉、毛、丝、麻等天然纤维及合成纤维制成的织物，以及由玻璃丝，金属丝等织成的网。织物介质能截留颗粒的最小直径为 5～65 μm，在工业上应用最为广泛。

2. 堆积介质　由各种固体颗粒(细沙、石砾、木炭、石棉、硅藻土等)或非编织纤维等堆积而成，一般用于处理固体颗粒含量很小的悬浮液，所以多用于深层过滤。

3. 多孔固体介质　由有很多微细孔道的固体材料，如多孔陶瓷、多孔塑料或多孔金属制成的管或板，能截拦 1～3 μm 的微细颗粒。适用于处理只含少量细小颗粒的腐蚀性悬浮液及其他特殊场合。

4. 微孔滤膜　用于膜过滤的各种有机高分子膜和无机材料膜，适用滤除细菌和芽孢，尤其适用于滤除 0.02～10 μm 的悬浮液微粒。孔径规格从 0.01～75 μm 已经系列化。微孔滤膜具有孔径均匀、孔隙率高、滤液成分吸附少、不污染滤液(没有杂质溶出，过滤时无介质脱落)、过滤阻力小等优点；但是膜孔容易堵塞，料液需要预先处理。目前，使用最广泛的是粗醋酸纤维素和芳香聚酰胺系两大类有机高分子膜。

(三)滤饼的压缩性和助滤剂

1. 滤饼的压缩性　滤饼是由截留下的固体颗粒堆积而成的床层，随着过滤的进行，滤饼的厚度增大，滤液的流动阻力也逐渐增大，导致滤饼两侧的压力差增大。滤饼的压缩性对压力差有较大影响。若构成滤饼的颗粒是不易变形的坚硬固体颗粒，则当压力差增大时，滤饼的结构不发生明显变化，单位厚度滤饼的流动阻力可视作恒定，这类滤饼称为不可压缩滤饼。若滤饼是由在操作压力差下会发生不同程度形变的固体颗粒构成，例如胶体物质，则当压力差增大时，滤饼被压紧，使单位厚度滤饼的流动阻力增大，此类滤饼称为可压缩滤饼。

2. 助滤剂　为了减少可压缩滤饼的流动阻力，使过滤顺利进行，可以将质地坚硬而能形成疏松滤饼的另一种固体颗粒混入悬浮液或预涂于过滤介质上，以形成疏松饼层，使得滤液畅流，该种颗粒状物质被称为助滤剂。

(1)常用的助滤剂　主要有粒状的硅藻土、珍珠岩粉、活性炭等，其中硅藻土是应用最广泛的助滤剂之一。助滤剂应具有化学稳定性，不与悬浮液发生化学反应，不溶于料液中，在过滤操作的压力差范围内具有不可压缩性。

(2)助滤剂的使用方法　助滤剂的使用方法有两种，一种是把助滤剂直接以一定比例加入到待过滤的悬浮液中与悬浮液一起过滤，此法称为预混法。过滤时助滤剂就在滤饼中形成了支撑骨架，可大大减小滤饼的可压缩程度，借以减小可压缩滤饼的过滤阻力。若过滤的目的是回收固体物质，则此法不适用；另一种是将助滤剂单独配制成混悬液先进行过滤，在过滤介质的表面形成助滤剂的预涂层，然后再进行过滤操作。助滤剂的预涂层可以承受一定的压力而不变形，既可以防止过滤介质的孔隙因堵塞而增加的过滤阻力，又可以延长过滤介质的使用寿命。

(四)过滤速率与过滤速度

过滤速率是指单位时间内所得到的滤液体积，它表明了过滤设备的生产能力；过滤速度是指单位时间内，通过单位过滤面积的滤液体积，它表明了过滤设备的生产强度，即设备性能的优劣。

研究表明，过滤速率的大小与推动力成正比，与过滤阻力成反比。当推动力一定时，过滤速率随操作的进行而逐渐降低。如果在操作中使过滤速率维持不变，就必须不断的加大过滤推动力。

过滤推动力的来源有以下四种：

(1)利用悬浮液自身的重力(液柱压力)，一般不超过 50 kPa，为重力过滤。

(2)依靠惯性离心力进行过滤，为离心过滤。

(3)在悬浮液上加压，一般可以达到 500 kPa，为加压过滤。

(4)在过滤介质下面抽真空，通常真空度不会超过 80 kPa，为真空过滤或减压过滤。在制药工业中常常使用压力差作为过滤推动力，原因是其具有可调性。

过滤阻力为过滤介质阻力和滤饼阻力之和，过滤初期，过滤阻力仅仅来自过滤介质，随着过滤的进行，滤饼层不断的增厚，来自于滤饼的阻力逐渐增加。因此，在一般情况下过滤阻力与滤饼的结构、厚度及滤液的性质等有关，滤饼越厚，颗粒越细，则过滤阻力越大。

（五）恒压过滤与恒速过滤

过滤操作有两种典型方式，即恒压过滤和恒速过滤。恒压过滤是在过滤操作中自始至终维持推动力不变。恒压过滤是最常见的过滤方式。连续过滤机内进行的过滤都是恒压过滤。由于滤饼的厚度随过滤进行而不断增加，阻力也不断增加，则过滤速率必然随操作的进行而降低。

恒速过滤是在过滤操作中保持过滤速率不变，这就必须使推动力随滤饼的增厚而不断增大，否则就不能维持恒定速率。不可压缩滤饼进行恒速过滤时，其操作的压力随过滤时间呈直线的增高。

在制药生产中，若整个过滤过程都在恒压下进行，则过滤刚开始时，过滤速率太快，滤布表面会因无滤饼层而使较细的颗粒堵塞介质的孔道而增大过滤阻力，而过滤末期的过滤速率又会太小；若整个过程保持恒定速率，则过滤末期的压力势必会很高，导致设备泄漏或动力负荷过重。为克服这一问题，制药工业上常采用的操作方式是先恒速后恒压，即开始时以较低的恒定速率操作，当表压升至给定值后，转入恒压操作。

（六）过滤的操作周期

过滤操作不管是连续过滤还是间歇过滤，都存在一个操作周期。过滤的操作周期主要分为四个阶段，即过滤、洗涤、去湿、卸渣。

1. 过滤　过滤是滤浆通过滤渣层和过滤介质得到滤液和滤饼的过程，在此过程中，随着时间的进行，滤饼的阻力不断增加，过滤速率不断降低，设备的工作压力超过允许范围时，停止进料，完成过滤。

2. 洗涤　过滤过程形成的滤饼中含有较多滤液，为了充分回收这部分滤液，或因滤饼是产物，不能允许滤液污染时，都必须将这部分滤液分离出来，一般采用洗涤的方法。先置换，后冲洗，大致洗涤只需少量洗涤液，而完全洗净则需大量洗涤液。在洗涤时，要防止滤饼开裂而发生沟流现象，使洗涤效果下降。

3. 去湿　在洗涤完毕后还要进行去湿，一般以压缩空气通过滤饼，使滤饼中残留的滤液或洗涤液尽可能排除。其目的在于低水分含量的滤饼便于运输，也为下一步干燥滤饼时减少热量消耗。

4. 卸渣　卸渣要尽可能彻底干净。目的是最大限度地回收滤饼（滤饼是产品),同时为了清洗滤布而减少下一次过滤时的阻力。通常采用压缩空气从过滤介质背面倒吹以卸除滤饼。如滤饼无用,黏附在过滤介质上的滤渣可用水冲洗。

二、过滤设备

在制药生产中,各种生产工艺形成的悬浮液的性质有很大的差异,过滤的目的、原料的处理量也不同。长期以来,为适应各种不同物料的要求,而发展了多种形式的过滤设备。按照过滤设备的操作方式可以分为间歇式和连续式。按照推动力不同又可以分成两大类:一类以压力差为推动力,如压滤机、叶滤机、真空过滤机等;另一类以离心力为推动力,如各种过滤离心机。本节着重介绍板框压滤机、转筒真空过滤机和滤芯式过滤器。

(一)板框压滤机

板框压滤机是广泛应用的一种间歇式压滤机。如图 5-12 所示,板框压滤机主要由尾板、滤框、滤板、头板、横梁和压紧装置组成。滤板和滤框靠支耳交替排列在横梁上,用滤布将滤框与滤板隔开,并可经手动、电动或液压机构等将其压紧,使滤布紧贴于滤板上,两相邻滤布之间的框内即形成了供滤浆进入的空间。滤板和滤框的数量可在机座长度内根据需要自行调整。

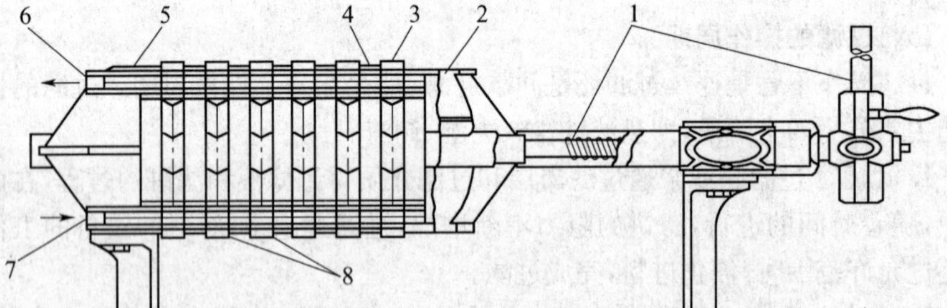

图 5-12 板框压滤机

1. 压紧装置 2. 头板 3. 滤框 4. 滤板 5. 尾板 6. 滤液出口 7. 滤浆进口 8. 滤布

滤板和滤框的形状有矩形、方形和圆形,可用金属、塑料等材料制成。滤板的作用是支撑滤布,表面制成纵横交错的沟槽,形成滤液流道。滤框的中间部位是空的,作用是积聚滤渣和承挂滤布。

如图 5-13 所示,滤板、滤框和滤布的两个上角端均开有圆孔,组装后即构成供滤浆和洗涤水流通的通道。其中，右上角的圆孔是滤浆通道，滤浆由此进入；左上角的圆孔是洗水通道，洗涤水由此进入。每个滤框的右上角的圆孔内有暗孔与滤浆通道相通，使滤浆流进框内。

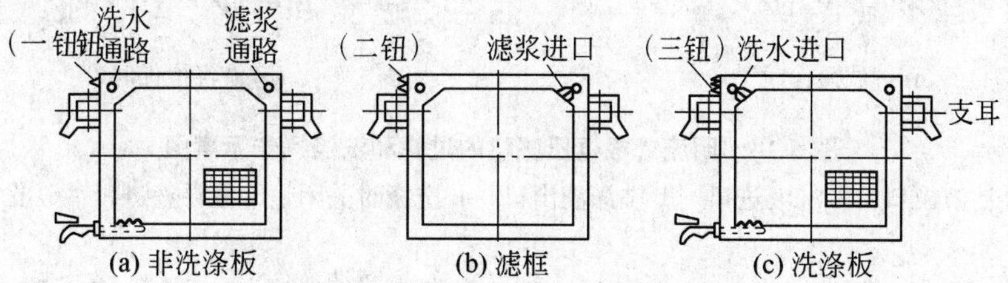

图 5-13　明流板框的滤板和滤框

滤板又分为洗涤板和非洗涤板，两者不同之处在于洗涤板的左上角的圆孔内有暗孔，洗涤水即由此穿过滤布进入滤框内。为了组装时便于识别，在铸造时常在板与框的外侧面分别铸有一个、两个或三个小钮。非洗涤板为一钮板，滤框为二钮板，洗涤板为三钮板。三者的顺序依次为非洗涤板、滤框、洗涤板、滤框、非洗涤板。尾板和头板为非洗涤板。

板框压滤机的操作周期由装合、过滤、洗涤、卸渣、整理五个阶段组成。板框装合完毕后，开始过滤，悬浮液在一定压力下经进料管由滤框上角的滤浆通道平行压入各个滤框，固体颗粒被滤布截留，在滤框内逐渐形成滤饼，滤液则分别穿过滤框两侧的滤布进入滤板，然后沿滤板的沟槽向下流动，由滤板下方的通孔排出。

滤液的排出方式有两种，一种是明流过滤，即滤板的下方出液孔上装有旋塞阀，滤液直观地从旋塞阀里流出，便于监视每块滤板的过滤情况，发现某块滤板滤液混浊，即可关闭该板出液口，而不妨碍全机操作，如图 5-14(a)所示；另一种是暗流过滤，即滤液由滤板和滤框的下角端的圆孔组成的通道集中流出，如图 5-15(a)所示。

当工艺过程需要对滤饼进行洗涤时，先将洗涤板上的滤液出口关闭，洗涤水经洗水通道从洗涤板左上角的孔道进入洗涤板的两侧，然后穿过整个滤饼和滤布，再经过非洗涤板下角的滤液出口排出。这种洗涤方法称为横穿洗涤法，如图 5-14(b)所示。

洗涤阶段结束后，是否需要吹气压缩由过滤工艺要求而定。然后打开板框，卸出滤饼，洗涤滤布及滤板、滤框，最后重新组装，进行下一个操作循环。

板框过滤机的优点是结构简单、制造容易、设备紧凑、过滤面积大而占地面积

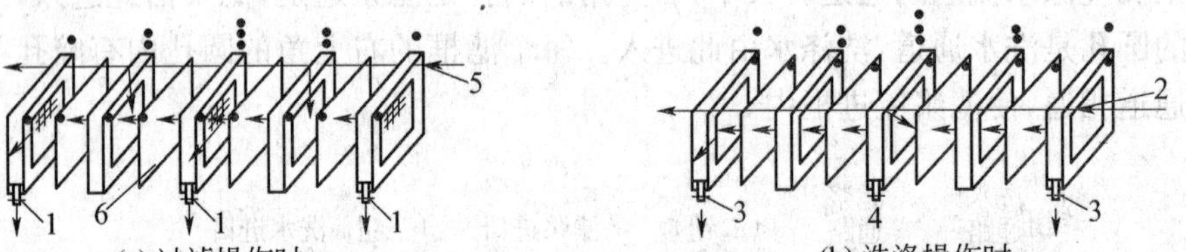

(a) 过滤操作时 (b) 洗涤操作时

图 5-14 明流式板框压滤机的过滤和洗涤操作示意图

1. 滤液出口 2. 洗液进口 3. 洗涤液出口 4. 洗涤时关闭 5. 悬浮液进口 6. 滤布

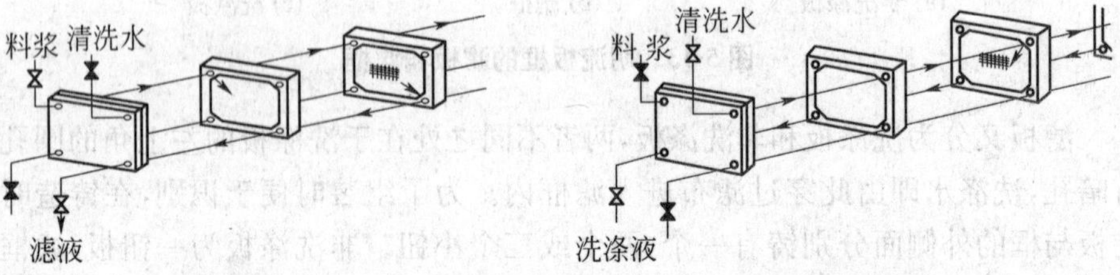

(a) 过滤操作时 (b) 洗涤操作时

图 5-15 暗流式板框压滤机的过滤和洗涤操作示意图

小、操作压强高、滤饼含水量少、对各种物料的适应能力强；其缺点是间歇式操作，劳动强度大，效率低。

板框压滤机适用于过滤黏度较大的悬浮液、腐蚀性物料和可压缩物料。其改进措施着重于板框的拆装和去渣的机械化、自动化，减轻劳动强度，提高过滤效率。

(二)转筒真空过滤机

转筒真空过滤机是一种工业上应用较广的连续操作的过滤设备，是依靠真空系统造成的转筒内外压差进行过滤的。转筒真空过滤机按过滤方式可分为内滤式和外滤式两种；按筒中的内部结构可分为有格式和无格式，按卸料方式可分为折带卸料和刮刀卸料两种。下面以外滤有格式转筒真空过滤机为例介绍其结构和工作原理。

如图 5-16 所示，转筒真空过滤机的主要部件为转筒，转筒表面有一层金属网，网上覆盖有滤布。转筒的下部浸入滤浆槽中。转筒沿圆周分隔成互不相通的若干扇形滤液室，每室都有单独的孔道与转筒端面上的转动盘相通。与转动盘接触的固定盘内侧开有三个长度不等的圆弧形凹槽，分别与滤液排出管（真空管）、洗水排出管（真空管）及压缩空气管路相通。

操作时，转动盘与固定盘相对滑动旋转，使每个扇形室在转筒转动的过程中依次与真空管和压缩空气管相通。因而在转筒旋转一周的过程中，每个扇形室所

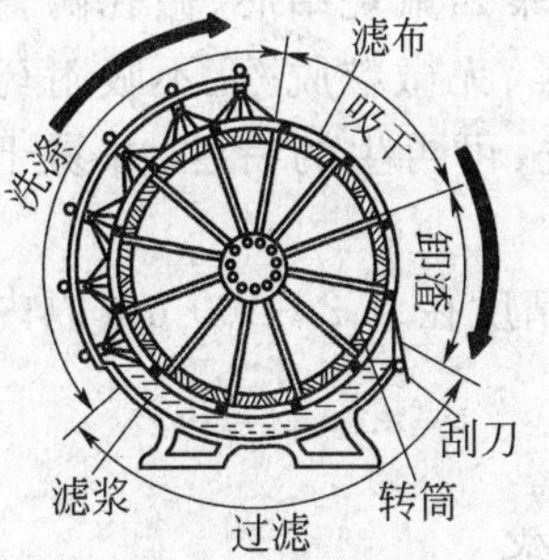

(a) 转筒及操作示意图

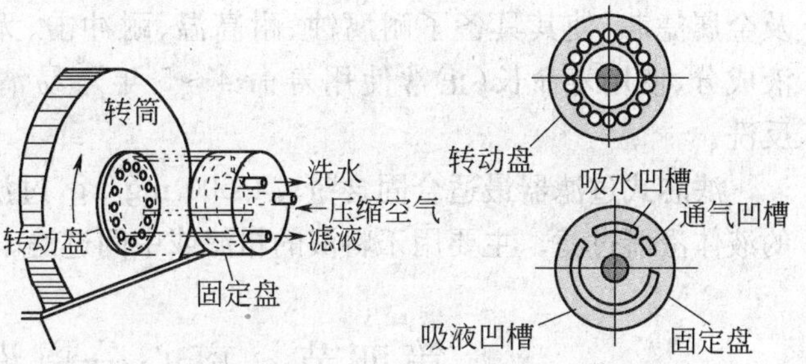

(b) 分配头结构

图 5-16　转筒真空过滤机

对应的过滤面都依次经历了过滤、洗涤、吸干、吹松和卸渣等操作。

转筒真空过滤机能连续自动操作，节省人力，生产能力大，对处理量大而容易过滤的料液特别适宜，对难于过滤的胶体物系或细微颗粒的悬浮液，若采用预涂助滤剂措施也比较方便。但转筒真空过滤机附属设备较多，转筒体积庞大而过滤面积相对较小。此外，由于它是真空操作，因而过滤推动力有限，尤其不能过滤温度较高（饱和蒸汽压高）的滤浆，滤饼的洗涤也不充分。

（三）滤芯式过滤器

滤芯式过滤器是一种高精度的过滤装置。如图 5-17 所示，滤芯式过滤器主要由滤芯、壳体及固定装置等构成。待过滤的液体从滤器进液口压入，自外向内穿过滤芯，杂质被截留在滤芯表面及深层，澄清液体从出液口不断排出。

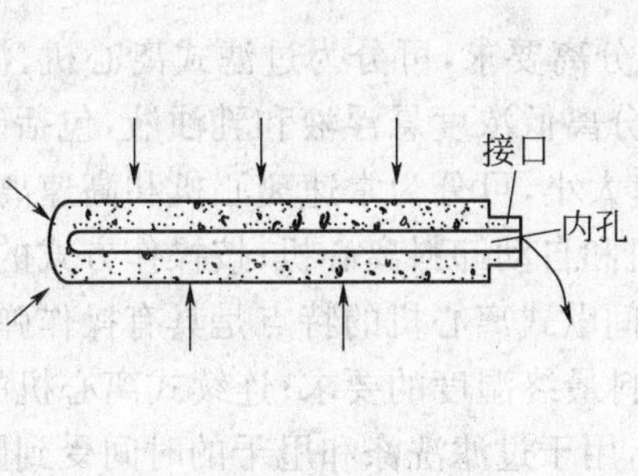

(a) 砂滤棒结构示意图

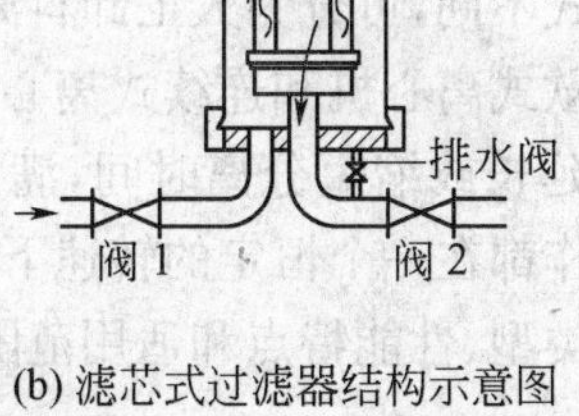

(b) 滤芯式过滤器结构示意图

图 5-17　滤芯式过滤器

过滤器滤芯可采用砂滤棒、钛棒、聚乙烯烧结芯、聚四氟烧结芯、微孔陶瓷及金属滤芯，使其具备了耐腐蚀、耐高温、耐冲击、无毒、无微粒脱落、不吸附药液成分、使用寿命长（正常使用寿命 4～5 年）、易清洗、可再生的特性，并易于反洗。

滤芯式过滤器最适合固含量<1 000 mg/kg，过滤精度在 0.2～100 μm 以内的液体澄清过滤。主要用于料液的粗滤或中间过滤。

第四节 离心分离设备

离心分离是利用离心力对液体与固体颗粒或液体与液体的混合物中各组分进行分离的操作。用于离心分离的设备称为离心机。

离心机的主要部件是一个可以绕本身轴线高速旋转的圆筒，称作转鼓。将物料（悬浮液或乳浊液）装入转鼓后，使转鼓高速旋转以产生离心力，这样物料因各组分比重不同而被分离。转鼓有两种，一是壁上有孔且衬有滤布等过滤介质，液体经过小孔时液体里边的固体即被截留在过滤介质上；二是壁上无孔，运转时固体被抛出而附于内壁，液体另由导管排出。通常离心机的转速愈高，离心力愈大，分离效果也愈好。

离心分离设备具有结构紧凑、体积小、分离效率高、生产能力大、附属设备少等优点，在工业生产中得到广泛应用。但其分离结果得到的是浆状物而不是干的滤饼，且结构复杂，价格昂贵。

一、离心机的分类

离心分离机种类繁多。按结构和分离要求，可分为过滤式离心机、沉降式离心机和分离机三类，分离机仅适用于分离低浓度悬浮液和乳浊液，包括碟式分离机、管式分离机和室式分离机；按转速大小，可分为常速离心机和高速离心机；按卸料方式不同，可分为人工卸料离心机和自动卸料离心机；按操作方式的不同，可分为间歇式离心机和连续式离心机。间歇式离心机的特点是具有操作弹性，可根据需要延长或缩短分离时间，满足物料最终湿度的要求；连续式离心机的特点是所有操作都在一个恒定的转速下进行，用于过滤洗涤和甩干的时间受到限制。离心机的类型、性能特点和适用范围见表 5-1。

表 5-1　离心分离机分类表

类别	名　称	用　途	排渣方式		被分离物料的状况		
					固体颗粒含量/%	颗粒粒度/mm	固液最小密度差/(kg/dm^3)
过滤离心机	三足式离心机	固体颗粒脱液，液体澄清	间歇	人工 自动	$10\sim60(W)^*$	0.01～0.5	不要求
	上悬式离心机	固体颗粒脱液，液体澄清	间歇	自动	$10\sim30(W)$	0.01～0.2	不要求
	刮刀卸料过滤离心机	固体颗粒脱液，液体澄清	间歇	自动	$10\sim30(W)$	0.05～0.5	不要求
	活塞推料离心机	固体颗粒脱液，液体澄清	连续	自动	单级 $30\sim70(W)$ 多级 $20\sim80(W)$	0.1～5 0.07～1	不要求
	螺旋卸料过滤离心机	固体颗粒脱液，液体澄清	连续	自动	$30\sim70(W)$	0.05～1	不要求
	离心力卸渣离心机	固体颗粒脱液，液体澄清	连续	自动	$<80(W)$	0.04～0.1	不要求
	振动卸渣离心机	固体颗粒脱液，液体澄清	连续	自动	$<80(W)$	0.3～100	不要求
	进动卸渣离心机	固体颗粒脱液，液体澄清	连续	自动	$<80(W)$	0.1～2.0	不要求
	三足式离心机	固体颗粒脱液，液体澄清	间歇	人工 自动	$10\sim60(W)^*$	0.01～0.5	不要求
沉降离心机	三足式沉降离心机	固体颗粒脱液，液体澄清	间歇	人工 自动	$<10(V)^*$	～0.005	≥0.1
	刮刀卸料沉降离心机	固体颗粒脱液，液体澄清	间歇	人工 自动	$<10(V)$	～0.005	≥0.1
	螺旋卸料沉降离心机	固体颗粒脱液，液体澄清	间歇	人工 自动	$3\sim30(V)$	0.002～10	>0.1

续表 5-1

类别	名称		用途	排渣方式		被分离物料的状况		
						固体颗粒含量/%	颗粒粒度/mm	固液最小密度差/(kg/dm^3)
分离机	碟式分离机	人工排渣碟式分离机	液体澄清、液—液分离，固体颗粒浓缩分级	间歇	人工	<1(*V*)	~0.001	>0.02
		活门排渣碟式分离机	液体澄清、液—液分离，固体颗粒浓缩分级	间歇	自动	<10(*V*)	~0.001	>0.02
		喷嘴排渣碟式分离机	液体澄清、液—液分离，固体颗粒浓缩分级	连续	自动	<10(*V*)	~0.001	>0.02
	管式分离机		液体澄清、液—液分离，固体颗粒浓缩分级	间歇	人工	<1(*V*)	~0.001	>0.02
	室式分离机		液体澄清、液—液分离，固体颗粒浓缩分级	间歇	人工	<1(*V*)	~0.001	>0.02

* *W* 为质(重)量百分比，*V* 为体积百分比。

二、离心机的工作原理

(一)过滤离心机

过滤离心机是利用过滤原理，以离心力为推动力来分离液固两相的设备。过滤离心机对液固两相没有密度差的要求，其分离原理如图 5-18 所示。在过滤式离心机的转鼓上开有许多小孔，鼓壁内衬以金属底网和滤布。当转鼓高速旋转时，悬浮液在转鼓内由于离心力的作用被甩在滤布上，其中的固体颗粒便被截留在滤布上形成滤渣层，而滤液则透过滤渣、滤布的空隙和鼓壁上的小孔被甩出转鼓。随着过程的继续，滤渣层在离心力的作用下逐渐被压紧，而滤渣空隙中液体继续被排出转鼓，直到因滤渣中毛细管作用只残留下不能再分出的微量液体为止，此过程称作脱液过程。离心过滤不但推动力大，而且可以获得比一般的重力或真空过滤更为干燥的滤渣，但对于粘滤布的物料则不适合。过滤离心机常被用于分离含有固体量较多，且粒度较大的悬浮液。

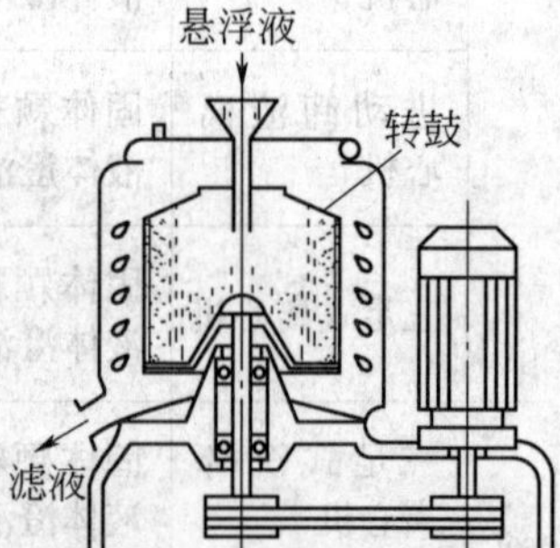

图 5-18　过滤离心机

(二)沉降离心机

沉降离心机是利用悬浮液或乳浊液密度不同的各组分在离心力场中迅速沉降分层的原理,实现液-固或液-液分离的机械设备。如图 5-19 所示,在离心机的转鼓壁上不开孔,也不用滤布。当悬浮液随着转鼓一起高速旋转时,由于离心力的作用,使悬浮液中的物料按比重的大小分层沉淀,比重大的固体沉淀在最外层,而液体则在里层,通过引流装置将其排出转鼓。沉降离心机常用于分离固体量较少、粒度较细的悬浮液。

(三)离心分离机

离心分离机是依靠离心力来分离两种比重不同的液体所形成的乳浊液,或者含有极微量固体的乳浊液,或者对含极微量固体的液相澄清(液—液、液—固)的设备,通常被称为分离机。此三种情况的操作原理都与离心沉降相同,如图 5-20 所示,其转鼓也不开孔,乳浊液在离心力作用下,按比重大小分为两层或三层,重液在外层,轻液在里层,而微量固相物则沉积于鼓壁。对于液相分层物,可通过一定的装置分别被引出转鼓;对于固相沉积物,则用间歇或连续的方法排出。

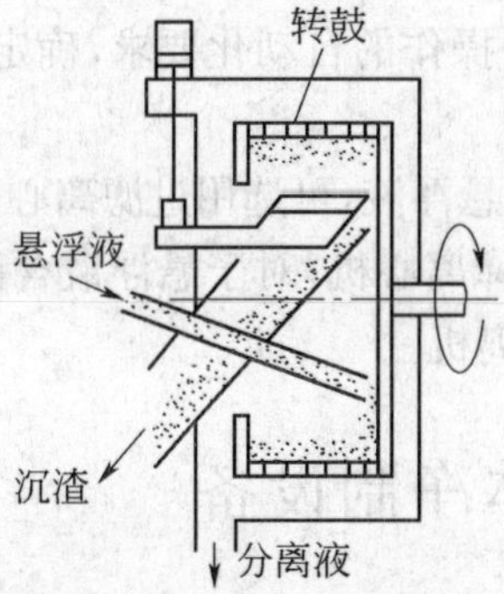

图 5-19　沉降离心机

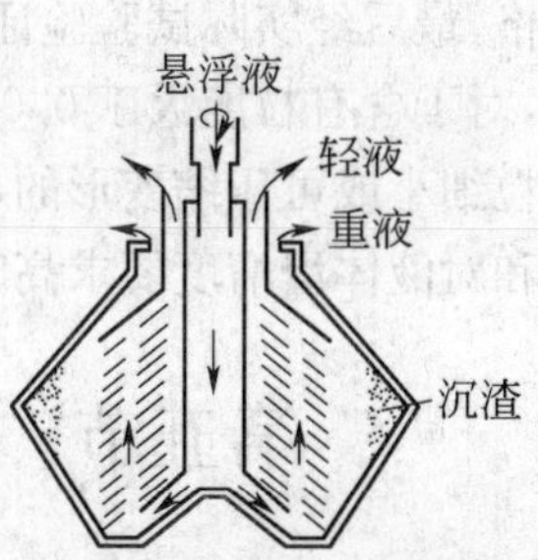

图 5-20　离心分离机

如上所述,过滤离心机和沉降离心机主要依靠加大转鼓直径来扩大转鼓圆周上的工作面;分离机除转鼓圆周壁外,还有附加工作面,如碟式分离机的碟片和室式分离机的内筒,显著增大了沉降工作面。

三、影响离心分离效果的因素

离心力和分离因数　在离心机中,离心力的大小与物料的质量有关,且随颗粒的旋转速度与旋转半径的大小而变化。颗粒的质量越大、转鼓半径越大、转速越高,则离心力也越大。

料液密度　料液的密度过大，料液黏稠，容易堵塞管道，且分离效果不好；料液的密度过小，虽分离后的液体澄清度符合要求，但料液量过多，分离时间增加。

离心温度　离心机在高速旋转时会产生一定的热量，从而对药物中的某些活性物质产生影响。另外，热量增加，温度升高，会使料液中的有机溶剂挥发，对于在密闭条件下操作的离心机，增加了操作的危险性。

离心时间　在离心分离过程中离心时间并非越长越好，因为随着离心时间的延长，沉淀结合会更加紧密，从而使沉淀所包裹和吸附的有效成分增多，损失增大。但离心时间太短，杂质沉降不充分，同样也达不到分离除杂的效果。

四、离心机类型的选择

离心机类型多种多样，其特性及应用范围自然也是千差万别，在选用离心机时应从物料的性质、单元操作要求和经济效益等方面综合考虑。

选择离心离心机须根据悬浮液（或乳浊液）中固体颗粒的大小和浓度、固体与液体（或两种液体）的密度差、液体黏度、滤渣（或沉渣）的特性，以及分离的要求等进行综合分析，满足对滤渣（沉渣）含湿量和滤液（分离液）澄清度的要求，初步选择采用哪一类离心分离机。然后按处理量和对操作的自动化要求，确定离心机的类型和规格，最后经实际试验验证。

通常，对于含有粒度大于 0.01 mm 颗粒的悬浮液，可选用过滤离心机；对于悬浮液中颗粒细小或可压缩变形的，则宜选用沉降离心机；对于悬浮液含固体量低、颗粒微小和对液体澄清度要求高时，应选用分离机。

第五节　其他气体净制设备

前述的重力沉降和离心沉降主要针对固体浓度较高的含尘气体的分离净制，而对分离效率要求较高的净制工艺或对含尘浓度较低且含微细尘粒气体的净制，需用本节介绍的净制设备。

一、过滤净制

气体的过滤净制是指用过滤法将含尘气体中尘粒滤除的方法。在制药工业中，气体净制设备常用于空气净化及干燥操作尾气中粉料的回收等。常用的过滤净制设备是袋滤器和空气过滤器。

（一）袋滤器

袋滤器是工业气体过滤除尘设备中使用最广的一类，袋滤器的结构型式很多，按滤袋形状可分为圆袋和扁袋两种，前者结构简单，清灰容易，应用最广；后者可大大提高单位体积内的过滤面积。按清灰方式分为机械清灰、逆气流清灰、脉冲喷吹清灰及逆气流振动联合清灰等型式。

如图 5-21 所示，袋滤器主要由滤袋、滤袋支撑骨架、清灰装置、机壳、灰斗和排灰阀等部件构成。滤袋做成一端开口的袋状，在滤器中开口朝上安装，工作时，含尘气体自下部进入袋滤器，气体穿过支撑于骨架上的滤袋由袋外进入袋内，气体中的固体颗粒被截留在滤袋外表面上，洁净气体汇集于上部经风管排出，截留在滤袋外表面的尘粒积至一定厚度时，偏心轮振动清灰装置开启，使袋外表面的尘粒落入灰斗，通过排灰阀排出。

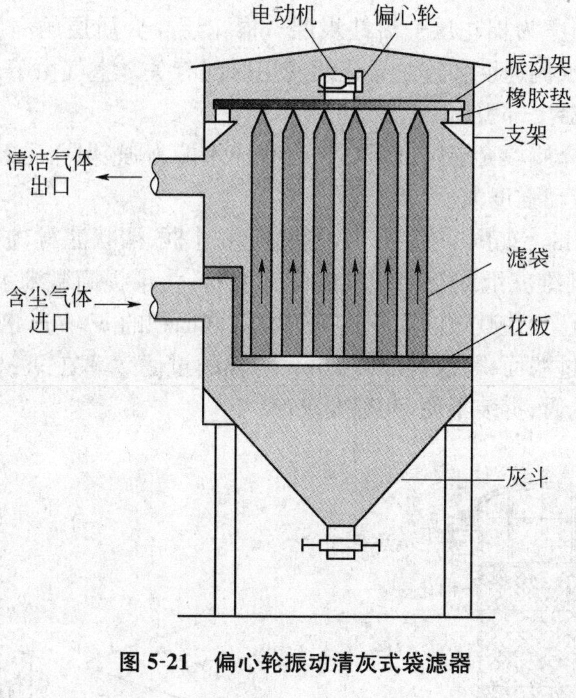

图 5-21　偏心轮振动清灰式袋滤器

袋滤器的滤尘效率和生产能力与制作布袋的材料和总过滤面积有关。为了提高总过滤面积，布袋制成细长的管状，每个滤袋长度为 2～3.5 m，直径为 120～300 mm，并按一定排列形式安装在机壳内。滤袋可选择孔隙率高，气流阻力小，纤股间隙小的滤布制作，滤布材料可根据操作时气流温度选择天然纤维织物或合成纤维织物。

袋滤器应用较广，结构简单，一般可滤除 1 μm 以上粒径的尘粒，除尘效率可高达 99.9%以上。常设在旋风分离器后作为末级除尘设备，但因其应用范围主要受滤材的耐温、耐腐蚀性的限制，一般用于 300℃以下。袋滤器不适于处理含湿量过高和黏性很强的气体。

(二)空气过滤器

空气过滤器是空气洁净技术的主要设备，按过滤介质孔隙可分为表面过滤和深层过滤。在实验室或中试规模，空气过滤器只设一级，而在大型发酵工厂多采用二级或三级过滤。第一级过滤器常称为总过滤器，第二、第三级称为分过滤器。

1. 纤维及颗粒介质过滤器　如图 5-22 所示，它是由直立的圆筒形筒体和椭圆形封头组成，内设置孔板两块，分别与上下封头焊接在一起。过滤介质置于两孔板之间，装填顺序为棉花层—活性炭层—棉花层。介质层的高度与纤维性质、直径、填充密度、气流速度和过滤器连续使用时间有关。空气由下部进入过滤器，洁净空气由过滤器上部引出。

此类过滤器介质填充层厚、体积大、吸收油水能力强，但介质经灭菌后过滤效率降低，更换时劳动强度大。

2. 滤纸过滤器　如图 5-23 所示，过滤器由外框、褶状滤材、波纹分隔板等组成，以超细玻璃纤维滤纸或石棉纤维滤纸为滤材，为了提高微米级粉尘的捕集效率，滤材需多次折叠，使其过滤面积达到过滤器截面积的 50～60 倍。

此类过滤器过滤面积大、对≥0.3 μm 尘粒的过滤效率在 99.97%以上，阻力很小，但强度不太大，拆装不便，装填要求高。

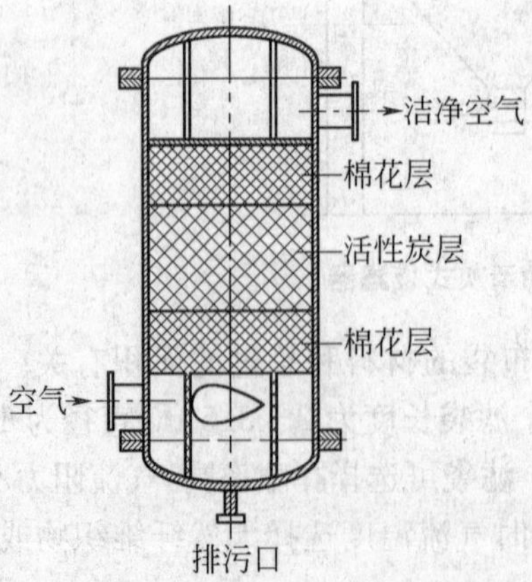

图 5-22　纤维及颗粒介质过滤器

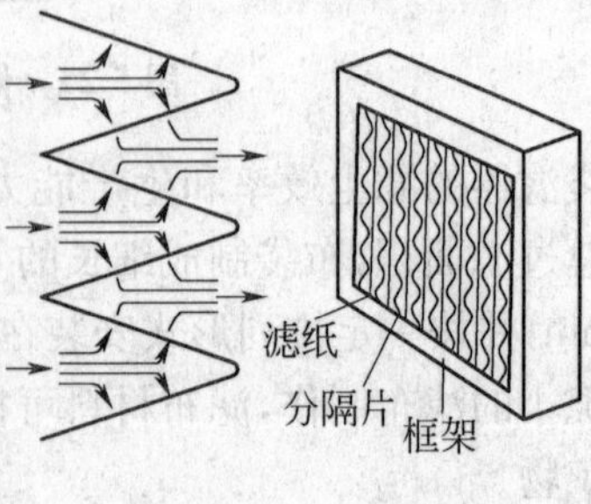

图 5-23　折叠式滤器组件结构

二、湿法净制

气体的湿法净制是使含尘气体与水接触,使其中尘粒被水黏附除去的净制方法。气体湿法净制的设备类型有多种,其基本原理都是在设备内产生气—固—水三相高度湍动,以提高气—固—水的接触,使尘粒被水黏附。故湿法净制不适用于固体尘粒为有用物料的回收工艺。下面以文丘里除尘器为例进行介绍。

如图 5-24 所示,文丘里除尘器的主体由收缩管,喉管及扩散管三段联接而成,收缩管中心角一遍不大于 25°,扩散管中心角为 7°左右,扩散管后面接旋风分离器。

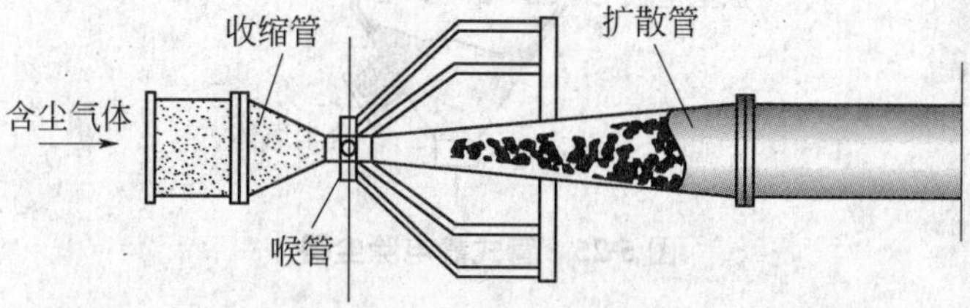

图 5-24　文丘里除尘器

工作时用可调锥调整气体流速,使含尘气体以 50～100 m/s 的高速通过喉管,洗涤水由喉管周边均布的小孔送入洗涤器时被高速气流喷成很细的液滴,使尘粒相互黏附润湿而聚结长大,随后在旋风分离器中与气体分离。

文丘里除尘器结构简单,没有活动件,结实耐用,操作方便。洗涤水用量约为气体体积流量的千分之一,可除去 0.1 μm 以上的尘粒,除尘效率达 95%～99%,但压力降较大,一般为2 000～5 000 Pa。

三、静电除尘器

利用高压直流静电场的电离作用,使通过电场的含尘气体中的尘粒带电,带电尘粒被带相反电荷的电极板吸附,将尘粒从气体中分离出来,使气体得到净制的方法,称为气体电净制。用于气体电净制的设备为静电除尘器。

静电除尘器分为管式和板式两类,图 5-25 为管式静电除尘器,主要由管式高压直流电极板和绝缘箱构成。工作时,含有尘粒或雾滴的气体自下而上通过放电电极板间的高压直流静电场,使气体发生电离,产生的荷电离子碰撞并附着于悬浮尘粒或雾滴上使之带电。在电场力的作用下,荷电的尘粒或雾滴被带相反电荷的收尘电极吸引而向其快速运动,在收尘电极上电性被中和而恢复电中性的尘粒或雾滴发生聚集,因重力作用落入灰斗。

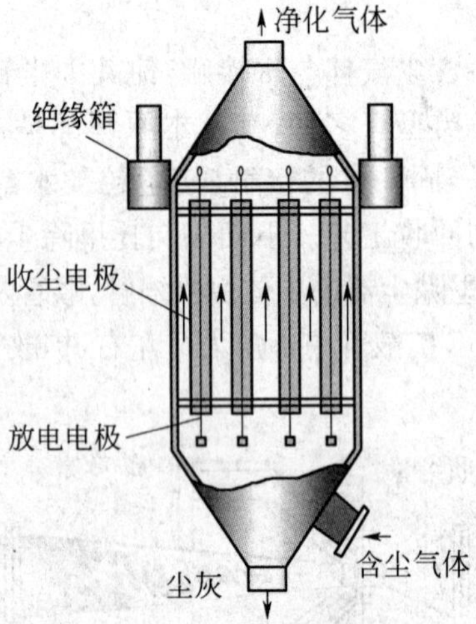

图 5-25 管式静电除尘器

静电除尘器能有效地捕集 0.1 μm 甚至更小的尘粒或雾滴，分离效率可高达 99.99%。静电除尘器的优点是气流在通过静电除尘器时阻力较小，气体处理量可以很大；其缺点是设备的操作费用高，安装、维护、管理要求严格。

【技能训练】

板框压滤机操作训练

★训练目标

(1)熟悉板框压滤机的结构及特点。

(2)掌握板框压滤机的操作及常见故障处理方法。

★训练准备

(1)了解过滤过程的基本理论。

(2)了解板框压滤机的结构及特点。

(3)板框压滤机的操作流程如图 5-26 所示。

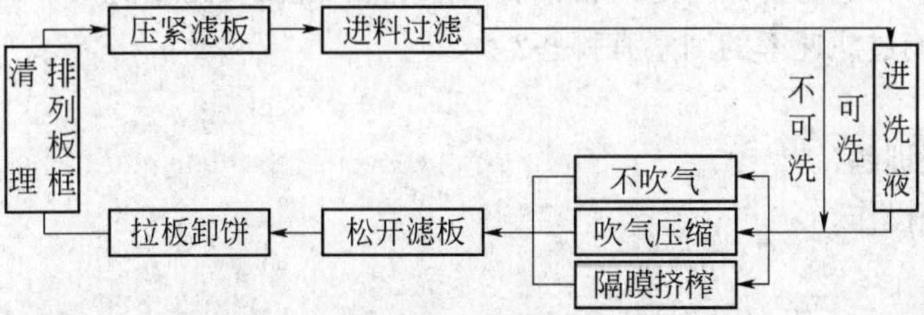

图 5-26　板框压滤机操作流程

★操作要领

(1)加料前要检查板框排列情况,滤布不能有折叠现象,滤布孔与滤板孔中心对准,待一切正常后方可压紧滤板加压过滤。

(2)过滤压力和过滤温度必须在规定范围之内。

(3)压滤机在压滤初期,滤液较混浊,如滤液一直混浊或由清变混,则可能是滤布破损或布孔与板孔偏差,此时要关闭该阀或停止进料更换滤布。板框间允许有滤布毛细现象引起的少量渗漏。

(4)浆料、洗液或压缩空气阀门、必须按操作程序启用,不能同时启用。

(5)卸饼后滤布及板框必须冲洗干净,不允许残渣粘贴在密封面或进料通道内。

(6)移动滤板时,用力应均匀适当,不得碰撞、摔打,以免损坏密封面及滤板手柄。

(7)滤布的选择一定要符合滤浆的过滤技术要求，新滤布制作前要先缩水，开孔直径应小于滤板孔径，配套滤板时布孔与板孔应相对同心，否则会造成过滤不清，过滤速率低，达不到预期过滤目的的后果。

(8)滤布使用一段时间后会变硬，性能下降，为此需作定期检查，若发现有变硬影响过滤速率的现象，则可用相应低浓度的弱酸弱碱进行中和清洗，使滤布恢复功能，无法恢复则及时更换。

(9)禁止在板框少于规定数量的情况下开机工作，以免损坏机件。

(10)当生产能力小，所需过滤面积较少时，可在板框间插入一块盲板，以切断过滤通道。

★思考与分析

(1)板框压滤机在使用过程中发生漏液现象的原因是什么，应如何解决？

(2)为什么过滤开始时滤液常常有一点混浊，过段时间才清？

(3)影响过滤速率的因素有哪些？

★拓展训练

离心机操作。

第六章 传热设备

> **知识目标**
> - 理解传热的机理、特点和影响因素,强化传热的途径。
> - 熟悉各种传热设备的选用及在生产中的应用。
> - 掌握工业生产中常用传热设备结构及特点。
>
> **能力目标**
> - 能够正确操作列管式换热器及板式换热器。

传热设备是使热量从热流体传递到冷流体的设备,通常称作热交换器或简称换热器,其作用是使流体温度达到生产工艺规定的指标,以满足生产的需要。传热设备是许多工业部门广泛使用的一种通用设备。

第一节 概 述

一、传热在制药生产中的应用

制药生产与传热的关系非常密切。因为制药生产中经常遇到物料的加热或冷却、蒸发或冷凝、凝固或熔融、结晶或溶解,这些过程都伴有热量的传递。随着世界能源供应日趋紧张,提高热能的综合利用率不仅是降低生产成本的重要措施,而且还有更为深远的意义。传热在制药生产过程中的应用主要有以下几方面:

1. 化学反应过程中的热量补充与移除　药品生产过程中的磺化、硝化、卤化、缩合等化学反应均需要在适宜的温度下,才能按所希望的反应方向进行,并减少或避免不良的副反应。

2. 单元操作过程中的热量补充与移除　在对原料提纯或反应后产物的分离、精制的各种操作,如蒸发、结晶、干燥等,都离不开热量输入或输出,才能保证操作的正常进行。

3. 热能的综合利用和余热回收　在物料浓缩操作中,二次蒸汽的再利用,可以节约生蒸汽的消耗；通过综合利用冷凝水的显热，也可以降低热能的消耗。

4. *减少设备的热量损失* 为了减少设备的热量损失，保证管路中输送的流体能维持在一定的温度，需要对设备和管路进行保温。

制药生产过程中常遇到的传热问题可分为两种情况：一种是强化传热，如各种传热设备中的传热，要求传热速率高，传热效果好；另一种是削弱传热，如设备和管路的保温，要求传热速率越低越好，以减少热量的损失。

二、传热的基本方式

热量的传递是由于物体内部或物系内部的温度不同引起的。当无外功输入时，热量从物体中温度较高的部位传递给温度较低的部位，或从高温物体传递给低温物体，因此温度差是传热过程的推动力。根据传热机理的不同，热量传递的基本方式有三种：热传导、热对流和热辐射。传热过程可以是其中的一种或几种方式同时进行。

1. *热传导* 又称导热，是由于物体中的微观粒子（分子、原子、电子等）的无规则热运动引起的热量传递。在热传导过程中，没有物质的宏观位移，其现象可以用傅里叶定律来描述。

2. *热对流* 又称对流传热，主要是由于流体质点的位移和混合，将热能由一处传至另一处而引起的热量传递现象。热对流可分为强制对流和自然对流。若流体的运动是由于受到外力的作用（如风机、泵或搅拌器等）所引起的，则称为强制对流；若流体的运动是由于流体内部冷、热部分的密度不同而引起的，则称为自然对流。热对流与热传导总是同时存在。

3. *热辐射* 热量以电磁波形式传递的现象，称为辐射。物体由于热的原因而发出辐射能的过程，称为热辐射。辐射传热不仅是能量的传递，还同时伴有能量形式的转化。辐射传热的特点是不需要任何介质作媒介，它可以在真空中传播。这是热辐射与热传导及对流传热不同的特点。

实验证明，当物体的温度高于 400℃时才有明显的热辐射，而制药生产中一般间壁式换热器中的传热过程温度都不很高，因辐射而传递的热量大多情况下可忽略不计，故本章主要讨论热传导和热对流。

三、工业生产上的传热方式

在制药生产过程中，传热通常是在冷、热两种流体间进行的。按传热设备热传递原理或传热方式进行分类，可分为以下几种主要形式：

1. *直接接触式传热* 对某些传热过程，例如气体的冷却或水蒸气的冷凝等，可使热、冷流体直接混合进行热量交换。直接接触传热的机理比较复杂，它在进行传热的同时往往伴有传质过程，因此适用于两流体允许直接混合的场合。这种传热方式的优点是传热效果好，设备结构简单，如混合式冷凝器等。

2. 蓄热式传热　利用固体填充物（如耐火砖等）周期性的加热和冷却来完成冷热两流体间的热量传递。这种方式多用于气体介质间的传热。蓄热式传热在切换两种流体时，难免不发生混合现象，制药生产中很少使用这种传热方式。

3. 间壁式传热　利用固体壁面将冷热流体隔开，使高温和低温流体介质分别在间壁的两边流过。在其流动过程中，高温流体首先将所载热量传给间壁，然后间壁将其所得热量传给被加热的低温流体。在工业生产中遇到的大多是间壁两侧流体的热交换。

四、稳定传热和不稳定传热

传热过程分稳定传热和不稳定传热两种。若传热系统中各点的温度仅随位置变化而不随时间变化，这种传热过程称为稳定传热。例如，在一个正常的连续生产的间壁式换热器中，进、出换热器的流体都有稳定的流量、温度等工艺条件，尽管流体在换热器内的温度沿间壁流动方向上有变化，但在器内与流体流动方向相垂直的任何一个截面上，流体的温度都有一个确定的数值，且不随时间而变化，即载热体在器内各点的温度不随时间而变化。

若传热系统中各点的温度不仅随位置不同而不同，且随时间而发生变化，这种传热过程称为不稳定传热，例如设备的启动、停机、变工况运行以及周期性交替加热或冷却等。本章只讨论稳定传热。

第二节　热　传　导

一、热传导的基本概念

温度场　物体内各点温度的分布情况，称为温度场。如果温度场内各点的温度随时间而变化，则此温度场称为不稳定温度场，如果各点温度不随时间而变化，则称为稳定温度场，由于物体内各点温度的分布情况一般都比较复杂，一般情况下很难找到其数学表达式。

等温面　同一时刻温度场中相同温度各点所组成的连续面称为等温面。因空间任何一点不可能同时具有两个不同温度，因此温度不同的等温面不可能相交。

温度梯度　从任一点起沿等温面移动，因为温度不发生变化，所以无热量传递；而沿与等温面相交的任何方向移动，温度要发生变化，即有热量传递，这种温度随距离的变化在与等温面垂直的方向最大。如图 6-1 所示。

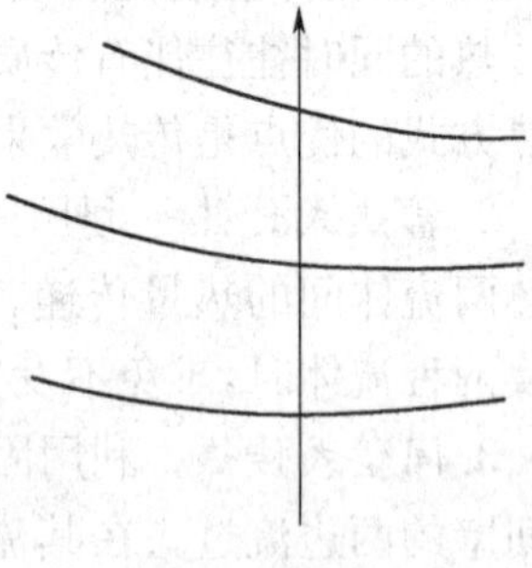

图 6-1　温度梯度与热流方向

传热面积　在传热过程中，垂直于热量传递方向的截面积，称为传热面积，以 A 表示。对于平面壁，传热面积即为 A；对于冷热流体分别流过管外和管内时发生的热量传递的情况，其传热面积为 $A=\pi dL$，其中 d 为管内径或外径，L 为管长。

传热速率　单位时间内通过全部传热面积所传递的热量称为传热速率，以 Q 表示，单位为 W。传热速率是反映传热设备换热能力大小的性能指标。

热通量　单位时间内通过单位传热面积的热量，也可理解为单位面积上的传热速率，以 q 表示，单位为 W/m^2。

导热系数　导热系数在数值上等于两个相距单位长度的平行平面，当温度相差一个单位时，在垂直于热传导方向上单位时间内流过单位面积的热量，以 λ 表示。在国际单位制(SI)中，λ 的单位是 W/(m · K)。导热系数是表征材料热传导性能的一个重要参数。λ 越大，材料的传热性能越好。

传热系数　传热系数是反映换热器传热性能的重要参数，是对换热器进行传热过程计算的基本依据，以 K 表示，单位为 $W/(m^2 \cdot K)$。它可以通过查阅相关手册、实验测定和分析计算获得。传热系数 K 的数值取决于流体的物性、传热过程的操作条件和换热器的类型等多方面因素。

热阻　表征材料(包括两侧表面空气边界层)阻抗传热能力的物理量，为传热系数的倒数，通常以 R 表示。热阻越大，表示导热能力越差。

二、傅里叶定律及应用

1822 年，法国数学家和物理学家傅里叶(J · Fourier)在大量实验的基础上提出了热传导的基本定律，即傅里叶定律，它表示通过等温表面的传热速率与温度梯度及传热面积成正比。其数学表达式为：

$$Q=-\lambda A\frac{dt}{dx} \tag{6-1}$$

式中：Q 为传热速率，J/s 或 W；λ 为导热系数，W/(m · K)；A 为垂直于导热方向的导热面积，m^2；dt/dx 为温度梯度，是导热方向上温度的变化率；负号表示热量传递的方向与温度梯度的方向相反。

(一)平壁导热

1. *单层平壁导热* 设有材料均匀的面积很大的单层平面壁，厚度为 b，平壁内的温度只沿垂直于壁面的 x 轴方向变化，如图 6-2 所示。在稳定传热时，传热速率 Q 不随时间变化，传热面积 A 和导热系数 λ 也是常量，则根据傅里叶公式可推导出下式：

$$Q=\frac{t_1-t_2}{\frac{b}{\lambda A}}=\frac{\Delta t}{R}=\frac{\text{温差(推动力)}}{\text{热阻(阻力)}} \tag{6-2}$$

式(6-2)把传热速率表达为推动力除以阻力的形式，从而说明传热速率与传热推动力成正比，与导热热阻成反比；导热距离愈大，传热面积和导热系数愈小，则导热热阻愈大。

2. *多层平壁导热* 在制药生产上常见的是由多层不同材料组成的平壁，称为多层平壁，如图 6-3 所示。设各层壁厚及导热系数分别为 b_1，b_2，b_3 及 λ_1，λ_2，λ_3。内表面温度为 t_1，外表面温度为 t_4，中间两分界面的温度分别为 t_2 和 t_3。

若层与层之间接触良好，即接触的两表面温度相同。由于各等温面的温度保持恒定，对于稳定传热过程，各层的传热速率必然相等，则多层平面壁传热速率方程的一般形式为：

$$Q=\frac{\sum\Delta t}{\sum R} \tag{6-3}$$

式(6-3)说明对于多层平壁的稳定热传导，其总的推动力即为总的温度差，而总的热阻为各层热阻之和。各层的热阻越大，则其温度差也越大，热传导中温度差与热阻成正比。

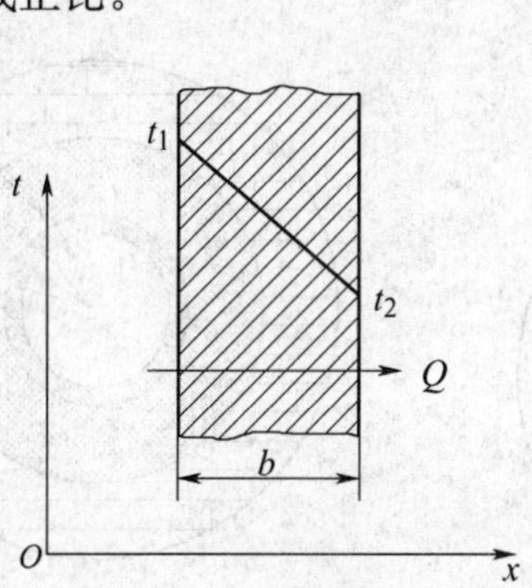

图 6-2 单层平壁导热

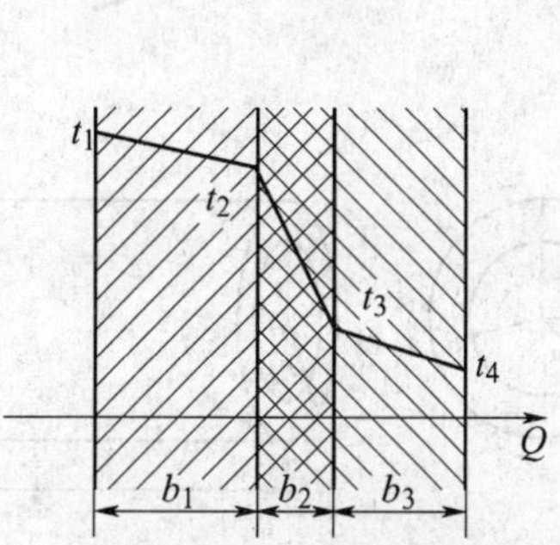

图 6-3 多层平壁导热

(二)圆筒壁导热

制药生产中常用的容器、管路一般是圆筒形的,经过圆筒壁的稳定热传导与平面壁的区别在于圆筒壁的内外表面积不等。热流穿过圆筒壁的传热面积不像平面壁那样是固定不变的,而是随圆半径而改变。

1. 单层圆筒壁导热　单层圆筒壁的热传导如图 6-4 所示,设圆筒的内半径为 r_1,外半径为 r_2,长度为 L。圆筒内、外壁面的温度分别为 t_1 和 t_2,且 $t_1>t_2$。若在半径为 r 处沿半径方向取微分厚度 dr 的薄壁圆筒,其传热面积可视为常量,等于 $2\pi rL$;同时通过该薄层的温度变化为 dt。仿照平壁热传导公式,通过该薄圆筒壁的传热速率可以写成:

$$Q=\lambda S_m \frac{t_1-t_2}{r_2-r_1} \tag{6-4}$$

式中:$S_m=\dfrac{S_2-S_1}{\ln \dfrac{S_2}{S_1}}$为圆筒壁的内、外表面的对数平均面积,$m^2$。

2. 多层圆筒壁导热　多层圆筒壁的热传导如图 6-5 所示,在多层圆筒壁中,由于各层的直径发生了很大的变化,每一层的圆筒壁的表面积差距也越来越大,虽然通过各层的传热速率都相同,但热通量则由于各层平均传热面积不等而各不相同。因此,仿照多层平面壁热传导公式,通过该多层圆筒壁的传热速率可以写成:

$$Q=\frac{t_1-t_4}{R_1+R_2+R_3} \tag{6-5}$$

式(6-5)说明,多层圆筒壁热传导的总推动力也为总温度差,总热阻也为各层热阻之和,只是计算各层热阻所用的传热面积不再相等,而应采用各自的对数平

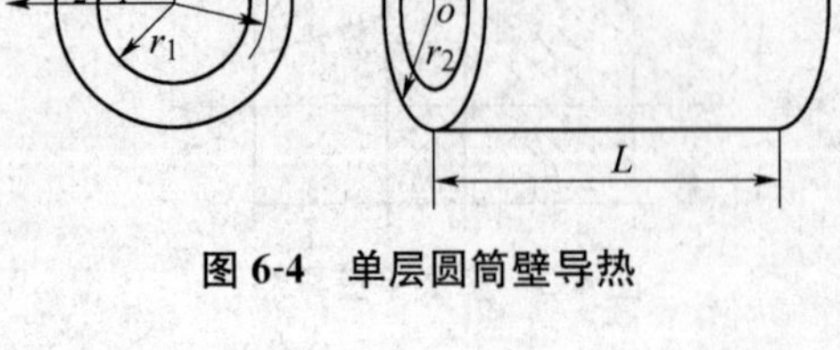

图 6-4　单层圆筒壁导热

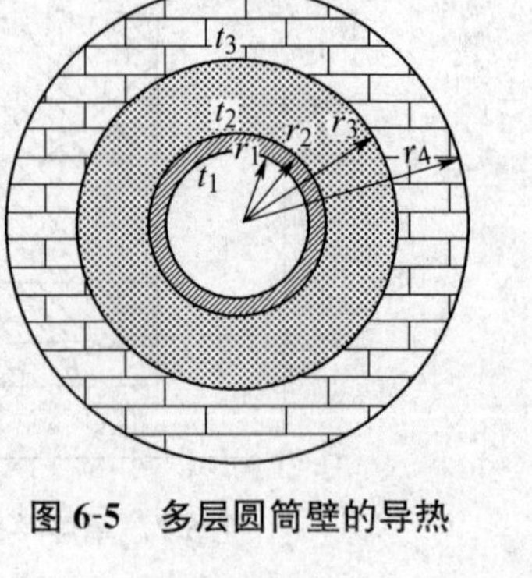

图 6-5　多层圆筒壁的导热

均面积。

需要指出的是，多层壁导热时，一般假设层与层间紧密接触，没有空隙。若有空隙，其中存在空气，则多一层空气热阻，Q 值会因此明显减小。

第三节　对流传热

一、对流传热过程分析

如图 6-6 所示，流体流经固体壁面时，在湍流主体内，由于流体各部分质点相互碰撞、混合、做不规则的脉动，并有漩涡生成，温度趋于一致，其热阻很小，传热速度极快。但靠近壁面处总有一层流底层存在，流体仅沿壁面平行流动，在传热方向上没有质点位移。无论是热流体把热量传递给壁面，还是壁面把热量传递给流经它的冷流体，热量仅能通过热传导的方式通过层流底层。流体的导热系数小，故层流底层的热阻大，通过层流底层的温度急剧下降。

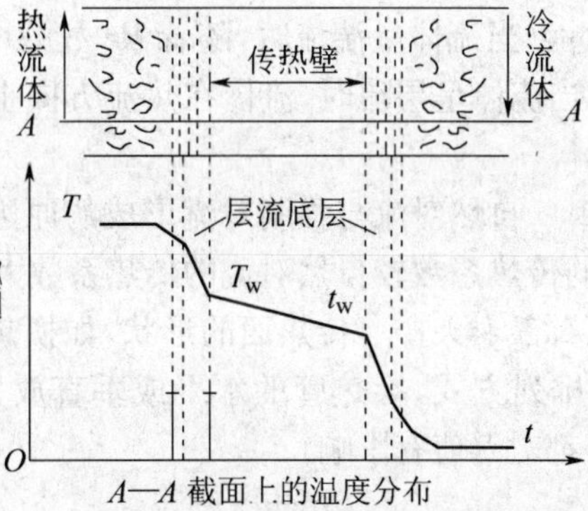

图 6-6　对流传热时沿热流方向的温度分布情况

从以上分析可知，对流传热是集热对流和热传导于一体的综合传热现象。对流传热的热阻主要集中在层流底层。因此减薄层流底层的厚度、增加流体的湍动是强化对流传热的主要途径。

二、牛顿冷却定律及其应用

通过以上对对流传热过程的分析，可将复杂的对流传热过程用较为成熟的导热原理来处理。根据傅里叶定律，对流传热速率方程可以表示为：

$$Q=\alpha A\Delta t \tag{6-6}$$

式中：Q 为对流传热速率，W；α 为对流传热膜系数（或对流传热系数、给热系数），$W/(m^2 \cdot K)$；A 为对流传热面积，m^2；Δt 为流体与壁面间温度差的平均值，K；当流体被加热时，$\Delta t = t_W - t$；当流体被冷却时，$\Delta t = T - T_W$。

式(6-6)也称为牛顿冷却定律。牛顿冷却定律是将复杂的对流传热问题，用一个简单的关系式来表达，实质上是将影响对流传热的诸多因素集中在 α 上，但并没有解决对流传热过程的基本问题。因此，研究 α 的影响因素及其求取方法便成为解决对流传热问题的关键。

三、影响对流传热系数的因素

1. 流体的种类及相变化的情况　液体、气体和蒸汽的对流传热系数都不相同，牛顿型流体和非牛顿型流体的对流传热系数也有区别，有相变时对流传热系数比无相变时大的多。

2. 流体的物理性质　对 α 值影响较大的流体物性有比热、导热系数、密度和黏度等，其中比热、导热系数、密度增大对传热过程有利，而黏度增大则对传热过程不利。

3. 流体的流动型态　当流体呈湍流时，随着 Re 数的增加，层流底层的厚度减薄，故 α 值就增大。而当流体呈层流时，流体在热流方向上基本没有混杂流动，故 α 值就较湍流时为小。

4. 对流形成的原因　自然对流与强制对流形成的原因不同，其传热情况也不相同。一般强制对流的传热系数较自然对流的传热系数大。

5. 传热面的形状、位置和大小　传热面的形状，如换热管、板、翅片；传热面的方位、布置，如管束的排列方式，换热管的水平或垂直放置；传热面的尺寸，如管径、管长或板的高度等都对 α 值有影响。

第四节　间壁两侧流体的换热计算

在制药生产过程中最常用到的传热操作是热流体经管壁向冷流体传热的过程。在这种传热操作过程中，不但要考虑经过固体壁的热传导，而且要考虑到间壁两侧流体与壁面之间的对流传热，下面讨论冷热两流体通过间壁换热的计算问题。

一、传热速率方程

如图 6-7 所示，间壁传热的过程包括三个连续的过程，即热流体以对流传热方式将热量传给壁面一侧，壁面以导热方式将热量传到壁面另一侧，壁面另一侧再以对流传热方式将热量传给冷流体。对于稳定传热过程，冷、热流体间的传热速率与换热器的传热面积成正比，与换热器内的平均温度差和换热器的总传热系数成正比。总传热速率方程式为：

$$Q=KA\Delta t_m \tag{6-7}$$

式中：Q 为单位时间内通过换热器传递的热量，即传热速率，W；K 为总传热系数，W/(m^2·K)；A 为换热器的传热面积，m^2；Δt_m 为冷、热流体间传热温度差的平均值，K。

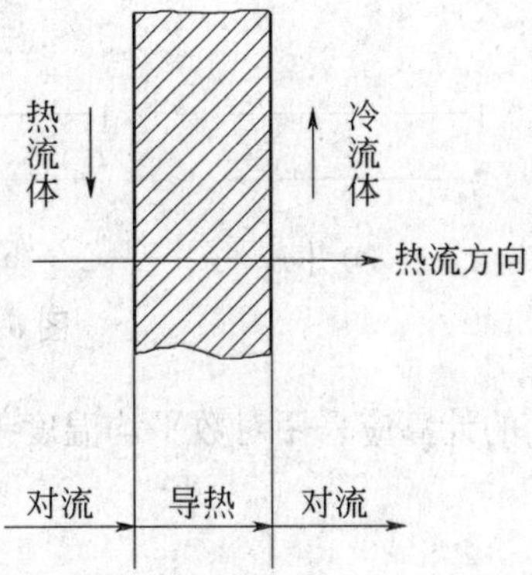

图 6-7　间壁传热过程示意图

二、传热平均温度差

传热速率方程式中 Δt_m 一项，为参加热交换的冷热两流体间的平均传热温度差。在间壁式换热器中，按照参加热交换的两种流体，在沿着换热器的传热面流动时，各点温度变化的情况，可将传热过程分为恒温传热和变温传热两种。而这两种传热过程的传热温度差计算方法是不相同的。现分别予以讨论。

(一)恒温传热过程的传热平均温度差

恒温传热是指换热器的间壁两侧的流体均存在相变时，两流体温度可以分别保持不变。例如传热壁的一侧是饱和蒸汽冷凝，另一侧则是液体沸腾汽化，两侧流体温度沿传热面无变化，两流体的温度差也处处相等，其平均温度差 Δt_m 是一常数，即

$$\Delta t_m = T - t \tag{6-8}$$

恒温传热时的平均温度差不受流体流动方向的影响。

(二)变温传热过程的传热平均温度差

1. 间壁两侧流体的相对流动方式　间壁两侧流体传热平均温度差的计算，必须考虑两侧流体的温度沿传热面的变化情况以及流体的相对流动方式。间壁两侧流体流向可分为并流、逆流、错流和折流四类，如图 6-8 所示。

2. 并流和逆流的传热平均温度差　并流和逆流两种流向的平均传热温度差

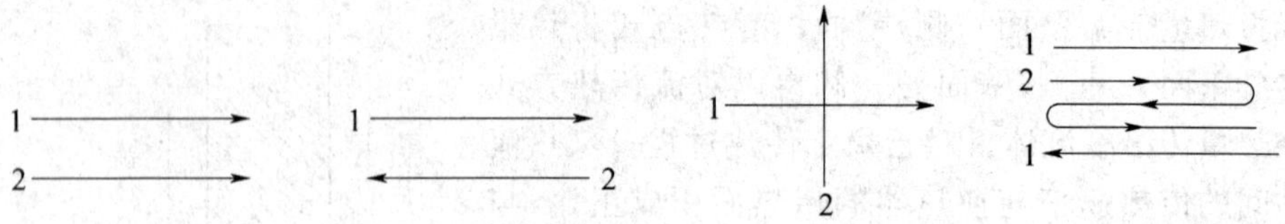

图 6-8 换热器中流体的流向示意图

的计算应采用对数平均温度差，即

$$\Delta t_m = \frac{\Delta t_1 - \Delta t_2}{\ln \dfrac{\Delta t_1}{\Delta t_2}} \tag{6-9}$$

如遇$\dfrac{\Delta t_1}{\Delta t_2} \leqslant 2$时，仍可用算术平均值计算，即$\Delta t_m = \dfrac{\Delta t_1 + \Delta t_2}{2}$。在计算时常取两端温度差中大者作为$\Delta t_1$，小者作为$\Delta t_2$，以使式中分子与分母都是正数，这样计算$\Delta t_m$时较为简便。

［例］ 在一套管换热器中，热流体温度由250℃冷却到180℃，冷流体温度由100℃加热到160℃，试分别计算两流体作并流和逆流时的平均温度差。

解：

(1)并流时，热流体温度 T	250℃	→	180 ℃
冷流体温度 t	100℃	→	160 ℃
温度差 Δt	150℃		20 ℃

所以 $\Delta t_m = \dfrac{\Delta t_1 - \Delta t_2}{\ln \dfrac{\Delta t_1}{\Delta t_2}} = 64.5℃$

(2)逆流时，热流体温度 T	250 ℃	→	180 ℃
冷流体温度 t	160 ℃	←	100 ℃
温度差 Δt	90 ℃		80 ℃

所以 $\Delta t_m = \dfrac{\Delta t_1 + \Delta t_2}{2} = 85℃$

由例6-1可知，参加热交换的两种流体，虽然其进出口温度分别相同，但逆流时的Δt_m比并流时为大。因此，就增加传热过程的推动力Δt_m而言，逆流操作总是优于并流的。

3.折流和错流的传热平均温度差 对于折流和错流的传热温度差，通常是先按逆流求算，然后再根据具体流动形式乘以校正系数 $\varphi_{\Delta t}$，即

$$\Delta t_{\mathrm{m}}=\varphi_{\Delta t}\cdot\Delta t_{\mathrm{m逆}} \tag{6-10}$$

校正系数 $\varphi_{\Delta t}$ 与冷、热两流体的温度变化有关。一般而言，采用错流和折流常可使换热器的结构比较紧凑合理。

三、间壁两侧流体流向的选择

如此前所述，在稳定的热交换中，若在间壁两边的流体都变温时，则流体的流动方向对流体的最终温度有很大影响，从而影响到两流体间的传热温度差和载热体的消耗量。下面仅就常见的并流和逆流操作情况作一比较。

1.流动方向对传热平均温差的影响 对于间壁两侧流体皆为恒温及一侧恒温一侧变温的传热过程，并流或逆流操作时的平均温差相同，这时流体流动方向的选择主要由换热器的构造和操作上的方便来确定；当间壁两侧流体皆为变温，且两种流体的进出口温度一定时，由于逆流操作的平均温差比并流的大，在传递相同热量的条件下，逆流所需要的传热面积小。

2.流动方向对载热体用量的影响 对于间壁两侧流体皆为恒温及一侧为变温另 侧恒温的传热过程，逆流和并流时载热体用量是相同的；当间壁两侧的流体皆为变温传热时，在相同传热面条件下，逆流所需要的载热体用量少。

综上所述，当间壁两边的流体都变温时，除非有特殊要求，应选用逆流操作。至于并流操作，它主要应用于冷却时需要避免冷流体被冷却到低于某一规定温度，或加热时需要避免热流体被加热到高于某一规定温度的场合。另外，在某些高温换热器中，逆流操作使冷、热流体的最高温度 t_2 和 T_1 都集中在一端，会使该处的壁温特别高。为了降低该处的壁温，可采取并流，以延长换热器的使用寿命。

至于错流和折流，与并流和逆流比较，其特点在于能使热交换器的结构比较紧凑合理。因此在实际换热器内，纯粹的逆流和并流是不多见的，而是比较复杂的流动，即错流和折流。

第五节 强化传热的途径

强化传热是一种改善传热性能的技术，是力求用较少的传热面积或较小体积的传热设备来传递一定的热量，以提高经济性。由传热速率方程可知，增大传热系数 K、传热面积 A 和平均温差 Δt_{m}，均可使传热速率提高。

一、增大传热面积

传热速率与传热面积成正比，传热面积增加可以使传热强化。但应指出，增大传热面积不应靠加大设备的尺寸来实现，而应从设备的结构来考虑，提高其紧凑性，实现单位体积内提供较大的传热面积。例如改进传热面的结构，采用小直径管，或采用翅片管、螺纹管等代替光滑管；采用具有紧凑结构的板式换热器，也可以提高单位体积热交换器的传热面积。例如板式换热器每立方米体积可提供的传热面积为250～1 500 m^2，而列管式换热器单位体积的传热面积为40～160 m^2。

尽管如此，增大传热面积仍然要受到一定的限制，所以不常采用。

二、提高传热推动力

传热推动力即传热温度差，传热温度差主要是由物料和载热体的温度决定的。增加平均传热温度差的方法有两种：一是在冷流体和热流体的进出口温度一定时，利用不同的换热面布置来改变平均传热温度差；二是扩大冷、热流体进出口温度的差别，以增大平均传热温度差，但此法受生产工艺限制，不能随意变动，只能在有限范围内采用。

三、提高传热系数

提高传热系数是强化传热过程的最现实和有效的途径，也是当前研究传热强化的重点。要提高传热系数，就必须设法减小传热过程中的主要热阻，即对流传热热阻和污垢热阻。

在传热设备中，污垢热阻是一个可变因素。在换热器投入使用的初期，污垢热阻很小。随着使用时间的增长，污垢将逐渐集聚在传热面上，成为阻碍传热的重要因素。因此，应通过增大流体流速等措施减弱污垢的形成和沉积，并注意及时清除传热面上的污垢。

从对流传热过程分析中可知，固体壁面与流体间的传热热阻主要存在于靠近壁面的层流底层中。当间壁两侧流体的对流传热系数相差较大时，对流传热系数较小一侧的对流传热对传热过程起控制作用。为提高对流传热系数，可采取如下具体措施：

(1)加大流速，增大湍动程度，减小层流底层厚度，可有效地提高无相变流体的对流传热系数。例如，列管式换热器中增加管程数，壳体中增加折流挡板等。但随着流速提高，阻力增大很快，故提高流速受到一定的限制。

(2)通过设计特殊的传热壁面,使流体在流动中不断改变方向,增大对流体的扰动,提高湍动程度,如管内装扭曲的麻花铁片、螺旋圈等填加物;采用各种凹凸不平的波纹状或粗糙的换热面,均可提高传热系数,但这样也往往伴有压降增加。近年来,发展了一种壳程用折流杆代替折流板的列管式换热器,即在管子四周加装一些直杆,既起固定管束的作用,又加强了壳程流体的湍动。此外,利用传热进口段的层流底层较薄,局部传热系数较高的特点,采用短管换热器,也有利于提高管内传热系数。

(3)在流体有相变的换热中,应尽量使蒸汽在滴状冷凝下进行,或采取在垂直管外壁装若干条金属丝、开纵向沟槽等措施,可使传热系数显著提高。

总之,强化传热的途径是多方面的。对实际的传热过程,要具体问题具体分析,并应对设备结构与制造费用,动力消耗、检修操作等予以全面的考虑,采取经济而合理的强化措施。

第六节 间壁式换热器

间壁式换热器是制药工业生产中最常用的传热设备,按换热面形状的不同,可分为管式换热器(换热面为管状的)和板面式换热器(换热面为板状的)。本章将重点讨论几种典型的间壁式换热器。

一、管式换热器

管式换热器是以管子表面作为传热面进行传热的换热器,按换热管的结构形式不同可分为列管式换热器、套管式换热器和蛇管式换热器等。

管式换热器虽然在传热效率、结构紧凑性和单位传热面积的金属消耗量等方面与板式换热器等新型换热器有一定的差距,但其具有结构坚固、可靠、适应性强、易于制造、能承受较高的操作压力和温度等优点。在高温、高压和大型换热器中,此类换热器仍占有绝对优势,是目前使用最广泛的一类换热器。

(一)列管式换热器

列管式换热器又称管壳式换热器,是以封闭在壳体中管束的壁面作为传热面的间壁式换热器。这种换热器结构较简单,操作可靠,能在高温、高压下使用,是目前应用最广的类型。

如图 6-9 所示,列管式换热器由封头、壳体、换热管束、折流板、管板等部件组成。壳体多为圆筒形,内部装有管束,管束两端固定在管板上。进行换热的冷热两种流体,一种在管内流动,称为管程流体;另一种在管外流动,称为壳程流体。

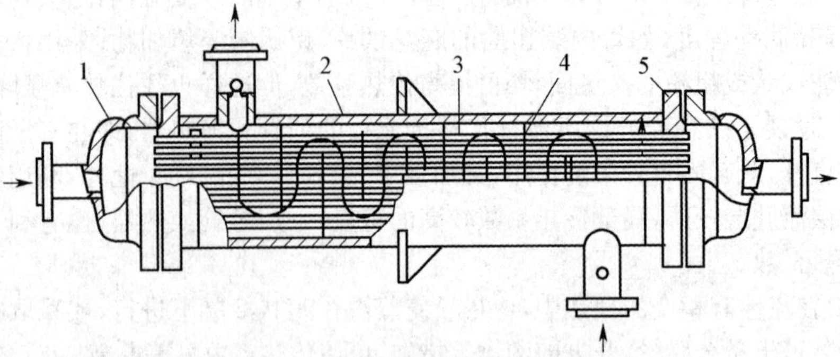

图 6-9 列管式换热器结构示意图

1.封头 2.壳体 3.换热管 4.折流板 5.管板

为提高管外流体的传热分系数,通常在壳体内安装若干折流板(挡板)。折流板可提高壳程流体速度,迫使流体按规定路程多次横向通过管束,增强流体湍流程度。

在列管式换热器内,由于管内、外流体温度不同,壳体和管束的温度及其热膨胀的程度也不同。如果两温度相差很大,换热器内将产生很大热应力,导致管子弯曲、断裂或从管板上拉脱。因此,当管束与壳体温度差超过 50℃时,需采取适当补偿措施,以消除或减少热应力。根据所采用的补偿措施,管壳式换热器可分为固定管板式换热器、浮头式换热器、填料函式换热器和 U 型管换热器。

1. 固定管板式换热器 如图 6-10 所示,此类换热器的结构特点是管束两端的管板与壳体联成一体。其优点是结构简单、紧凑,管程清洗方便,管子损坏时堵管或换管容易;其缺点是壳程不能进行机械清洗,且壳程压力受膨胀节强度限制不能太高。固定管板式换热器适用于壳程流体清洁且不易结垢,冷热流体温度差不大或温差较大但壳程压力不高的场合。

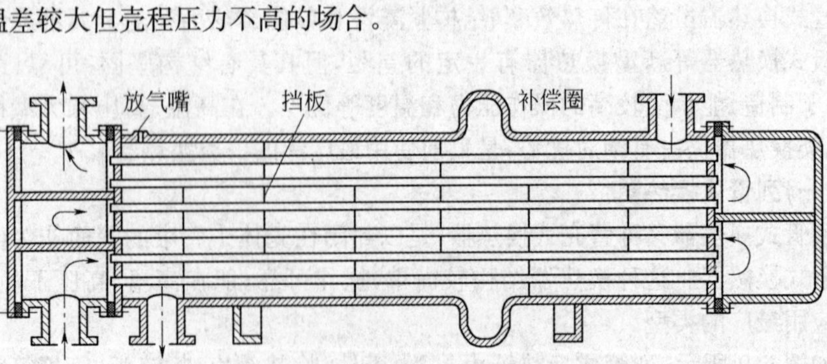

图 6-10 固定管板式换热器结构示意图

2. 浮头式换热器 如图 6-11 所示，此类换热器的结构特点是管束一端的管板可自由浮动，完全消除了热应力。其优点是整个管束可从壳体中抽出，便于机械清洗和检修。其缺点是结构较复杂，金属耗量较多，造价较高，制造时对密封要求较高。浮头式换热器适用于冷热流体温差较大或壳程流体易结垢的场合。

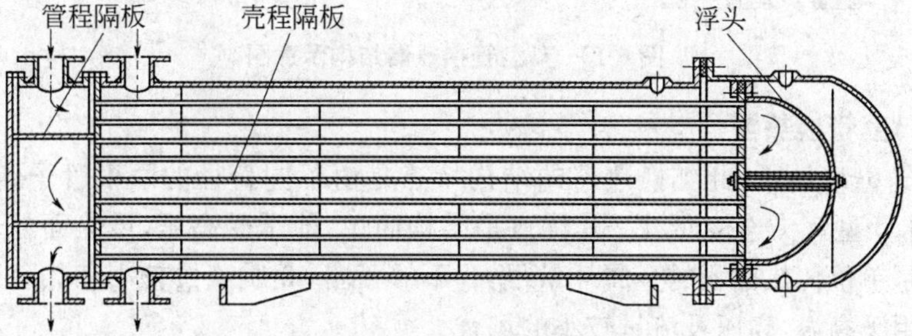

图 6-11 浮头式换热器结构示意图

3. 填料函式换热器 如图 6-12 所示，此类换热器的结构特点是浮头与壳体间被填料函密封的同时，允许管束自由伸长。其优点是结构较浮头式换热器简单，造价低；壳体内的管束可以抽出，管、壳程均能进行清洗。其缺点是填料函耐压不高，一般小于 4.0 MPa。填料函式换热器适用于冷热流体温差较大且需经常更换管束的场合，但壳程内流体具有易挥发、易燃、易爆及剧毒性质时不宜应用。

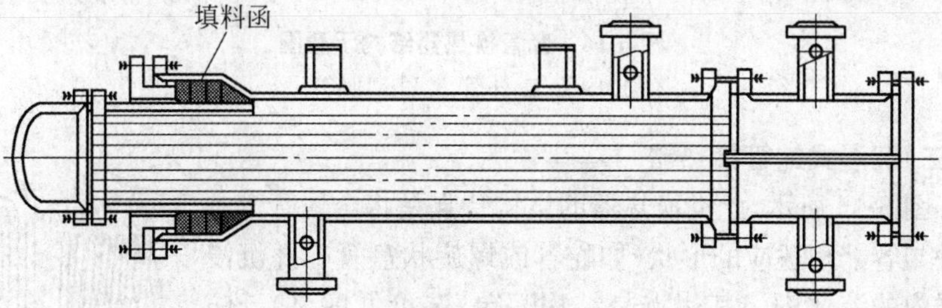

图 6-12 填料函式换热器结构示意图

4. U 型管换热器 如图 6-13 所示，此类换热器的结构特点是每根换热管都弯成 U 形，两端分别固定在同一管板上下两区，借助于封头内的隔板分成进出口两室。此种换热器完全消除了热应力，结构比浮头式简单，但管程不易清洗。其优点是结构简单，造价低，承压能力强，管间清洗较方便。其缺点是管内清洗比较困难；管板上管子排列少，结构不紧凑；管束最内层管间距大，壳程流体易形成短路。U 型管换热器适用于冷热流体温差较大或壳程流体易结垢而管程流体不易结垢的场合。

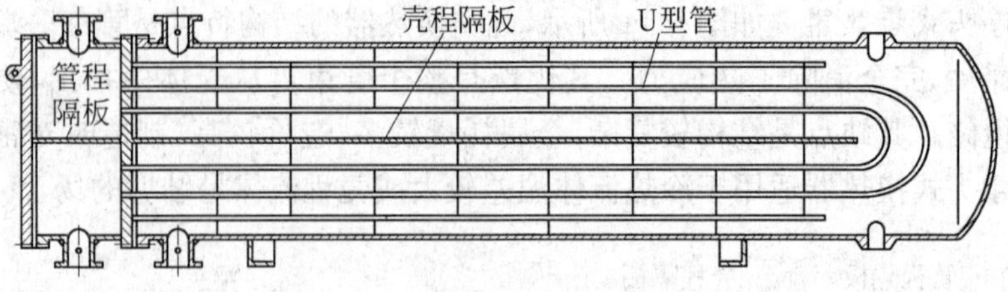

图 6-13　U 型管换热器结构示意图

(二)套管换热器

如图 6-14 所示,此类换热器的结构特点是由不同直径的两根管子组成同心管,并用 U 型弯头连接而成。其优点是结构简单,能承受高压,传热面易于增减。其缺点是单位传热面积的金属耗量很大,不够紧凑,介质流量较小和热负荷不大,一般适用于高温、高压及流量较小的场合。

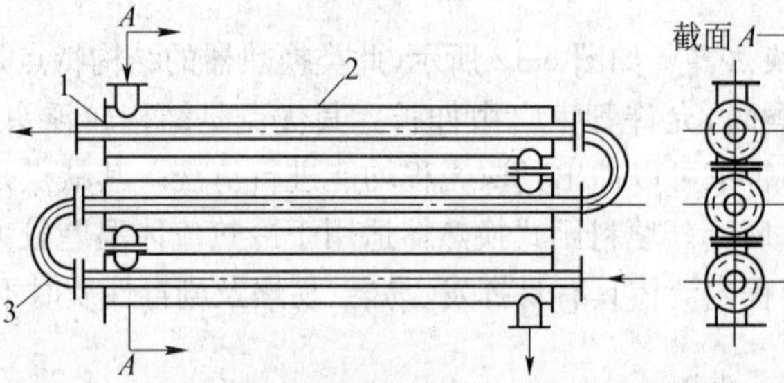

图 6-14　套管换热器结构示意图

1. 内管 2. 外管 3. U 型肘管

(三)沉浸式蛇管换热器

如图 6-15 所示,此类换热器的结构特点是将金属管弯制成各种与容器相适应的形状(如蛇管或螺旋状盘管),并沉浸在容器内的液体中。其优点是结构简单,造价低廉,便于防腐,能承受高压。其缺点是容器中的液体流动性较差,常需加搅拌装置,以提高传热系数。沉浸式蛇管换热器适用于反应器内的传热、高压下的传热以及强腐蚀性介质的传热。

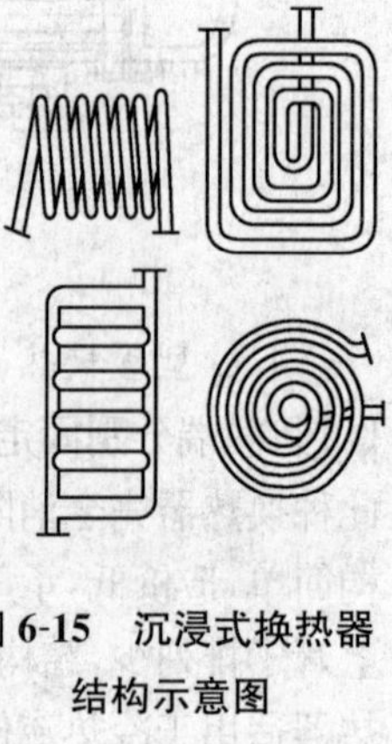

图 6-15　沉浸式换热器结构示意图

(四)管翅式换热器

如图 6-16 所示,此类换热器的结构特点是在换热管的内外表面装有许多翅片。工业生产中常遇到气体的加热或冷却,若与气体换热的另一载热体是水蒸气冷凝或冷却水等,换热器的传热热阻主要集中在气体一侧。通过安装翅片不仅可以增大传热面积，而且还增加了气体的湍流程度，从而提高了换热器的传热效果。

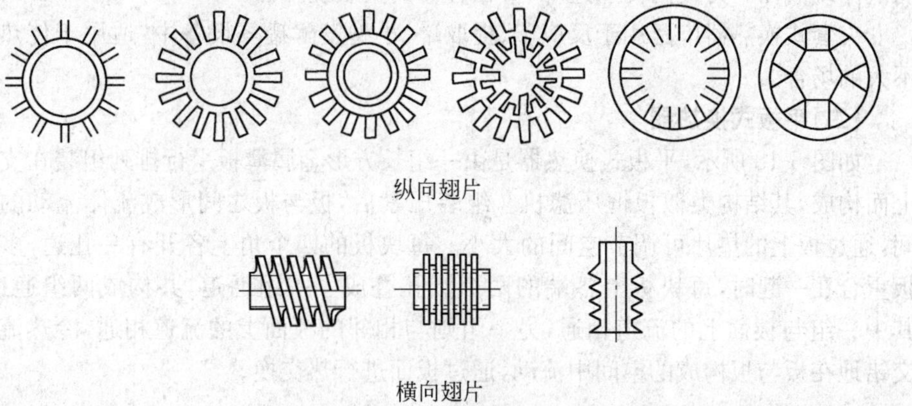

图 6-16　常见的翅片管型式

翅片根据高度不同可分为高翅片和低翅片两种。高翅片适用于两流体的对流传热系数相差较大的场合，低翅片适用于两流体传热系数相差不大的场合。

二、板面式换热器

板面式换热器是以板面作为传热面进行传热的换热器，按传热板面的结构形式不同可分为夹套式换热器、平板式换热器、螺旋板式换热器、板翅式换热器等几种类型。

板面式换热器的传热性能要比管式换热器优越，由于结构上的特点，使流体能在较低的速度下就达到湍流状态，从而强化了传热。此类设备采用板材制作，故在大规模生产时，可降低设备成本，但其耐压性能与管式换热器相比较差。

(一)夹套式换热器

如图 6-17 所示，夹套式换热器由容器和夹套组成。夹套安装在容器的外部，与容器器壁之间形成密闭的空间，为载热体的通道。若用蒸汽加热时，蒸汽由顶部通入夹套，冷凝水由下部排出。若用冷却水进行冷

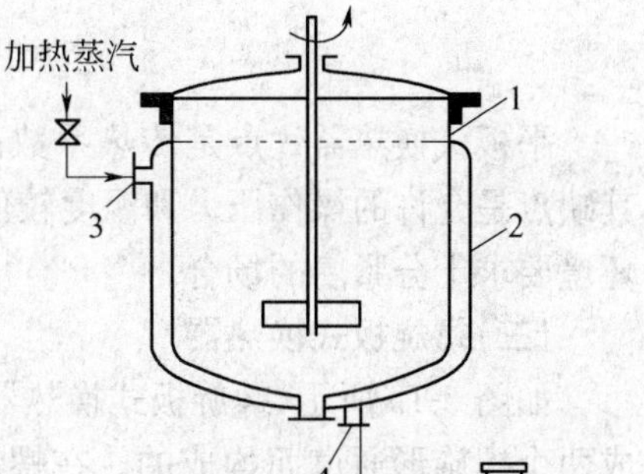

图 6-17　夹套式换热器

1. 反应釜　2. 夹套　3. 蒸汽进口　4. 冷凝水出口　5. 疏水器

却时，冷却水由夹套下部管路进入，由上部管路排出。

夹套式换热器传热面积固定，夹套密闭不易清洗，要求加热介质是不易结垢的汽体或液体。为提高传热速率，可在容器内安装搅拌器。

夹套式换热器广泛用于反应釜、提取罐、小型发酵罐等设备中，适用于传热量不大的场合。

(二)平板式换热器

如图 6-18 所示，平板式换热器是由一组长方形金属薄板平行排列组装在支架上而构成，其结构类似板框压滤机。组装压紧后，板与板之间形成流体流动的空间，通过板上的垫片可调节空间的大小。每块板的四个角上各开有一孔道，多块板重合在一起时，每块板上各端的两个圆孔叠成了一组通道，共构成两组通道。其中一组与板面上的流道相通，另一组则与相邻的板面上的流道相通，冷热流体交错地在板与板构成的空间中流动，通过板面进行热交换。

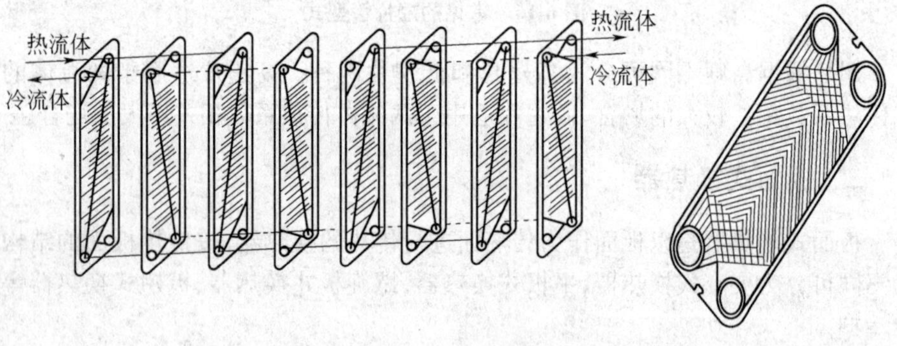

图 6-18　平板式换热器

平板式换热器优点是传热系数高，结构紧凑，操作灵活性大，检修清洗方便。其缺点是允许的操作压力和温度较低。平板式换热器适用于经常需要清洗，工作环境要求十分紧凑的场合。

(三)螺旋板式换热器

如图 6-19 所示，螺旋板式换热器是由焊在分隔挡板上的两张平行金属板卷制成两个螺旋形通道而构成的。在螺旋板两侧焊有盖板或封头。冷热流体分别在不同的入口进入不同的流道，在换热器内呈逆流方式进行热交换。为了提高螺旋板的承压能力，在板与板之间焊有一定数量的定距柱。

螺旋板换热器有可拆的和不可拆的两种型式。不可拆式螺旋板换热器的结构比较简单，螺旋通道的两端全部焊死。可拆式螺旋板换热器除螺旋通道两端的密封结构以外，其他与不可拆式完全相同。

(a) 外观

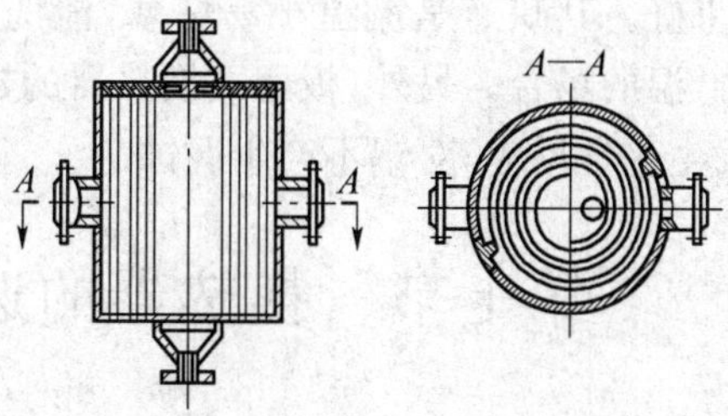

(b) 结构示意图

图 6-19　螺旋板式换热器

螺旋板换热器的优点是传热系数大，结构紧凑，有自清洗作用。其缺点是不耐高温高压，清洗和检修困难，如发生内圈螺旋板破裂，便会使整台设备报废。螺旋板换热器适用于处理混悬液及黏度较高的液体。

(四)板翅式换热器

如图 6-20 所示，板翅式换热器是由翅片、隔板、封条组成，是在金属平板(称为隔板)上放一翅片，然后再在其上放一金属平板，两边以封条密封而组成一个通道。对各个通道进行不同方式的叠置和排列，钎焊成整体，就可得到板翅式换热器板束。为使流体分布更加均匀，在流道的两端部均设置导流片，并在板束两端配置适当流体出入口封头和接管，组成完整的板翅式换热器。

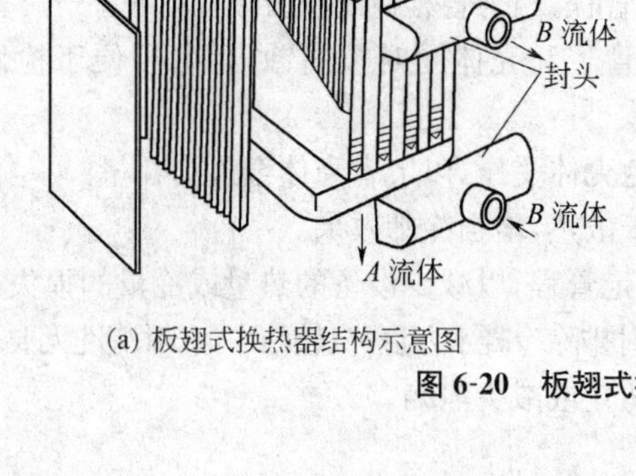

(a) 板翅式换热器结构示意图

(b) 板翅式换热器的板束

图 6-20　板翅式换热器

板翅式换热器的优点是结构紧凑，单位体积设备的传热面积大，总传热系数高，传热效果好。其缺点是流道小易堵塞，清洗及维修困难。板翅式换热器适合于低温、超低温的场合。另外，板翅式换热器的翅片为铝金制造，其对介质的要求是不与铝发生化学反应，对铝不产生腐蚀。

第七节 换热器的选型与维护

换热器的型式多种多样，每种结构型式的换热器都有其自身的结构特点和工作特性，有些结构型式在某种场合下使用效果较好，但是在另一种场合下效果就不理想或根本不能使用。只有熟悉和掌握这些特点，并根据生产工艺的具体要求，才能进行合理的选型。

一、换热器选型时应考虑的问题

选择换热器类型时，要考虑的因素很多，主要是流体的性质；操作压力、温度及允许压力降的范围；对清洗、维护的要求；材料价格；使用寿命等。

现在虽然新型换热器不断出现，且使用日趋广泛，但是老式的换热器（如蛇管式和夹套式换热器）仍有其适用的场合，如在釜式反应器中的换热，而其他类型的换热器就难以完成此种传热任务。列管式换热器在传热效果、紧凑性及金属耗量方面不如新型换热器（如板式、螺旋板式换热器），但它具有结构坚固，可在高温、高压下操作及材料范围广等优点，因此列管式换热器仍然是使用最普遍的。当操作温度和压力都不很高，处理量又不太大，或处理腐蚀性流体而要求用贵重金属材料时，就宜采用新型换热器。总之，采用什么类型的换热器，要视具体情况，综合考虑择优选定。

（一）管式换热器选型时应考虑的问题

1. 流体流程的选择　是指一种流体适合在管程还是在壳程流动，这个问题的制约因素较多，下面以固定管板式换热器为例，一般遵循的原则如下：

（1）不洁净或易结垢的流体宜走管程，因为管程清洗较方便。

（2）腐蚀性流体宜走管程，以免管子和壳体同时被腐蚀，且管子便于检修和更换。

（3）压力高的流体宜走管程，以免壳体受压，以节省壳体金属消耗量。

（4）被冷却的流体宜走壳程，便于散热，增强冷却效果。

（5）高温加热剂与低温冷却剂宜走管程，以减少设备的热量或冷量的损失。

（6）饱和蒸汽宜走壳程，有利于及时排除冷凝水，且蒸汽较洁净，它对清洗无要求。

（7）有毒害的流体宜走管程，以防止或减少泄漏。

(8)黏度大的液体或流量小的流体宜走壳程，因流体在有折流挡板的壳程中流动，流速与流向不断改变，在低 $Re(Re>100)$ 的情况下即可达到湍流，以提高传热效果。

(9)若两流体温差较大时，对流传热系数较大的流体宜走壳程。因壁面温度接近于 α 较大的流体温度，以减小温差应力。

在选择流体流程时，上述原则往往不能同时兼顾，应视具体情况分析。如首先要考虑流体的压力、腐蚀性和易清洗等要求，然后再校核对流传热系数和阻力系数等，以便做出恰当的选择。

2. 流体流速的选择　流体在管程或壳程中的流速，不仅直接影响对流传热系数，而且影响污垢热阻，从而影响总传热系数的大小。特别对含有较易沉积颗粒的流体，流速过低甚至可能导致管路堵塞，严重影响到设备的使用。但流速增大，又将使流体阻力增大。因此选择适宜的流速是十分重要的。根据经验，表 6-1、表 6-2 列出一些工业上常用的流速范围，以供参考。

表 6-1　列管式换热器中常用的流速范围　m/s

流体种类	流速	
	管程	壳程
一般液体	0.5～3.0	0.2～1.5
易结垢液体	>1.0	>0.5
气体	5～30	3.0～15

表 6-2　不同黏度液体在列管式换热器中的流速

液体黏度/(Pa·s)	最大流速/(m·s)
>1 500	0.6
1 500～500	0.75
500～100	1.1
100～35	1.5
35～1	1.8
<1	2.4

3. 加热介质(或冷却介质)进、出口温度的确定方法　一般情况下，被加热(或冷却)流体进、出换热器的温度由工艺条件决定，但对加热介质(或冷却介质)来说，进、出口温度则需视具体情况而定。

为确保换热器在所有气候条件下均能满足工艺要求，加热介质的进口温度应按所在地的冬季状况确定；冷却介质的进口温度应按所在地的夏季状况确定。若综合利用系统流体作加热介质(或冷却介质)时，因流量、入口温度确定，故可由热量衡算直接求其出口温度。用蒸汽作加热介质时，为加快传热，通常宜控制为恒温冷凝过程，蒸汽入口温度的确定要考虑蒸汽的来源、锅炉的压力等。在用水作冷却介质时，为便于循环操作、提高传热推动力，冷却水的进、出口温度差一般宜控制在 5～10℃。

4. 换热管规格与排列方式　换热管的规格包括管径和管长。当传热面积一定时，采用小直径管径可使管子长度缩短，增强传热，易于清洗。但是减小管径将使流动阻力增加，容易积垢。对于不清洁、易结垢或黏度较大的液体，宜采用较大的管径。因此，管径的选择要视所用材料和操作条件而定，总的趋向是采用小直径管子。

列管式换热器系列标准中换热管的长度分为 1.5 m，2.0 m，3.0 m，4.5 m，6.0 m，9.0 m 等几种，管径通常采用 φ19 mm×2 mm，φ25 mm×2.5 mm 和 φ38 mm×2.5 mm 的无缝钢管以及 φ25 mm×2 mm 和 φ38 mm×2.5 mm 的不锈钢管。

换热管在管板上的排列方式主要有正三角形、正方形和转角正三角形、转角正方形，如图 6-21 所示。正三角形排列方式在相同的管板面积上排列管数最多，故应用得最普遍，但管间不易清洗。为便于管间清洗，也可以采用正方形和转角正方形的排列方式。

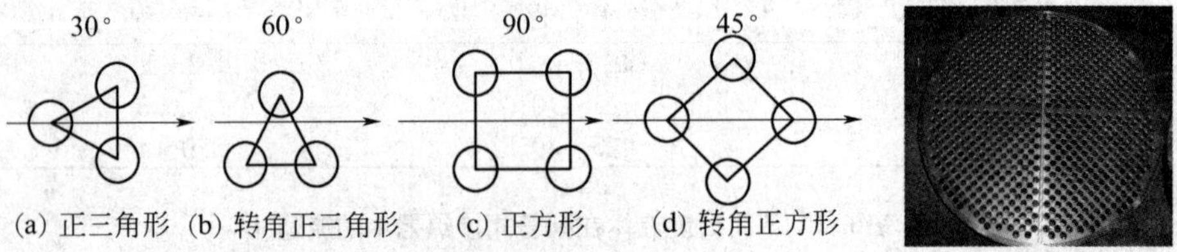

注：流向箭头垂直于折流板切边。　排列实物

图 6-21　换热管

5. 管式换热器程数的确定　当需要加大管式换热器的换热面积而换热管又不能很长时，就得排列较多的管子，但流体在管束中的流速随着换热管数的增多而下降，影响了总传热系数的提高。此时可在换热器两端封头内设置隔板，将管束分成若干程数，使流体依次流过各程管子，以增加流体速度，提高传热系数。但是管程数过多，导致管程流动阻力加大，动力能耗增大，同时多程会使平均温差下降，设计时应权衡考虑。管式换热器系列标准中管程数有 1，2，4，6 四种。采用多管程时，通常应使各程管数大致相同。

由于壳体内设置与管束平行的隔板在制造、安装和检修时比较困难，故一般不采用多壳程换热器，而是将所需总管数分装在直径相等而较小的壳体中，然后将这些换热器串联使用。

6. 壳程折流挡板　为了增加壳程流体的湍动程度，提高壳程流体的对流传热系数。通常壳体内安装若干与管束垂直的折流挡板，其形式如图 6-22 所示。常用的挡板有圆缺形和盘环形两种，前者应用更为广泛。

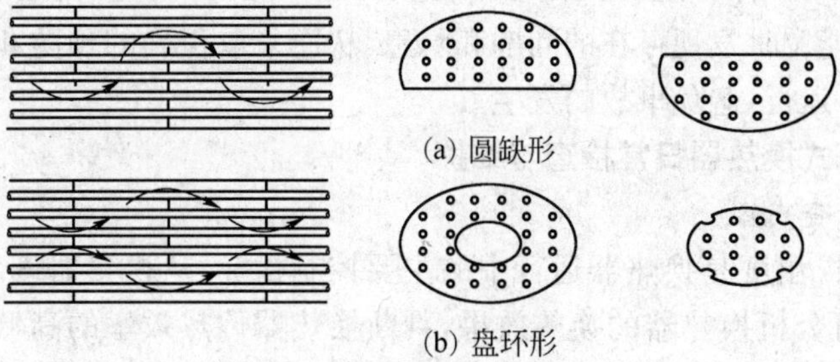

图 6-22 换热器的折流挡板

挡板应按等间距布置，挡板最小间距应不小于壳体内径的 1/5，且不小于 50 mm；最大间距不应大于壳体内径。系列标准中采用的板间距为：固定管板式有 150 mm，300 mm 和 600 mm 三种；浮头式有 150 mm，200 mm，300 mm，480 mm和 600 mm 五种。板间距过小，不便于制造和检修，阻力也较大；板间距过大，流体难以垂直流过管束，使对流传热系数下降。

(二)板式换热器选型时应考虑的问题

1. *板型的选择* 板式换热器的板片采用何种型式应根据换热场合的实际需要而定。对流量大允许压降小的情况，应选用阻力小的板型。反之，应选用阻力大的板型。根据流体压力和温度的情况，确定选择可拆卸式，还是钎焊式。

2. *单板面积的选择* 单板面积过小则板片数目多，占地面积大，阻力降减少；反之，单板面积过大，则板片数目少，占地面积小，阻力降增大，但是难以保证适当的板间流速。因此，一般单板面积可按角孔流速为 6 m/s 左右考虑。

3. *板间流速的选取* 流体在板间的流速影响换热性能和压力降。流速高，传热系数高，阻力降也增大；反之，则相反。一般取板间流速为 0.2～0.8 m/s，且尽量使两种流体板间速度一致。流速小于 0.2 m/s 时，流体达不到湍流状态，且会形成较大的死角区；流速过高会导致阻力降剧增，气体板间流速一般不大于10 m/s。

4. *流程的确定* 两侧流体的流量大体一致时，应尽量按等程布置；当两侧流体的流量相差较大时，则流量小的一侧按多流程布置或采用不等截面通道的板式换热器。另外，当某一介质的温升或温降幅度较大时，也可采用多流程。有相变发生的一侧一般均为单流程，且接口方式为上进下出。

5. *流向的选取* 无相变换热时，逆流具有最大的平均温差，一般在板式换热器的设计中要尽可能把流体布置为逆流。

二、换热器的日常检查与维护

换热器的维护保养是建立在日常检查的基础之上的。只有通过认真细致的巡回检查，才能及时发现存在的问题和隐患，从而采取正确的预防和处理措施，使设备能够正常运行，避免事故的发生。

(一)列管式换热器日常检查与维护

1. 日常检查内容

(1)温度　温度是换热器运行中的主要控制指标，从换热器进出口流体温度变化的情况可分析换热器的换热效果，判断换热器传热效率的高低，由进出口的温度可决定是否对换热器进行检查和清洗。

(2)压力　通过对换热器的进出口压差进行测定和检验，可判断换热管结垢及泄漏情况。若换热管结垢严重，则阻力增大；若换热管泄露，高压流体会向低压侧泄漏，造成低压侧压力上升较快，甚至超压，遇到这种情况必须停机解体检查，检修换热器。

(3)振动　换热器内部的流体流速一般较高，由于流体的脉冲和流动都会造成换热管的振动，或者整个设备振动，但最危险的是工艺开车过程中，升压或加负荷较快，很容易引起换热管振动，特别是在隔板处，管子振动的频率较高，容易把管切断，造成断管泄漏，遇到这种情况必须停机解体检查，检修换热器。

2. 异常现象分析及处理办法　如表 6-3 所示。

表 6-3　列管式换热器异常现象分析及处理方法

异常现象	原因分析	处理方法
传热效率下降	1. 换热管结垢或堵塞 2. 管道或阀门堵塞 3. 不凝气或冷凝水增多	1. 清理换热管或除垢 2. 清理疏通 3. 排放不凝气或冷凝水
管束和胀口渗漏	1. 换热管腐蚀或胀接质量差 2. 壳体与管束温差太大 3. 换热管被折流板磨破	1. 更换新管或补胀 2. 补胀或焊接 3. 用管塞堵死或换管
振动	1. 管路振动 2. 壳程流体流速太快 3. 机座刚度较小	1. 加固管路 2. 调节流体流量 3. 适当加固
管板与壳体连接处有裂纹	1. 腐蚀严重 2. 焊接质量不好 3. 外壳歪斜，连接管线拉力或推力大	1. 鉴定后修补 2. 清理补焊 3. 重新调整找正

(二)板式换热器日常检查与维护

1. 日常检查内容

(1)要经常检查换热器的所有密封面及焊缝,观察有无渗漏等不正常现象。若发现渗漏,应及时在渗漏处做上标记,待停机后处理。

(2)要定时检查压力表、温度计,观察是否有不正常现象。

(3)停车时先慢慢关闭热、冷介质的进口阀,然后关闭两介质的出口阀。开机时则相反,先打开出口阀,然后缓慢地打开进口阀。

(4)要定期对低压侧介质进行化验,以免有高压侧介质混入。如有混入,说明发生内漏,应停机处理。

2. 异常现象分析及处理办法　如表6-4所示。

表6-4　板式换热器异常现象分析及处理方法

异常现象	原因分析	处理方法
密封垫片处渗漏	1. 夹紧尺寸不到位,各处尺寸不均匀或夹紧螺栓松动 2. 部分密封垫脱离密封槽,密封垫主密封面有脏物,密封垫损坏或垫片老化 3. 板片发生变形,组装错位引起跑垫 4. 在板片密封槽部位或二道密封区域有裂纹	1. 重新夹紧设备 2. 重新组装,更换垫片,防止污物粘附于垫片密封面 3. 将换热器解体,对板片变形部位进行修理或者更换板片 4. 重新装配或更换垫片和板片
内部介质泄漏	1. 由于板材选择不当,导致板片腐蚀产生裂纹或穿孔 2. 操作条件不符合设计要求 3. 板片冷冲压成型后的残余应力和装配中夹紧尺寸过小造成应力腐蚀 4. 板片泄漏槽处有轻微渗漏,造成介质中有害物质浓缩,腐蚀板片,形成串液	1. 更换有裂纹或穿孔板片,在现场用透光法查找板片裂纹 2. 调整运行参数,使其达到设计条件 3. 换热器维修组装时夹紧尺寸应符合要求 4. 板片材料合理匹配
压降过大	1. 新安装系统管路未进行正常吹洗,焊渣等杂物进入板式换热器的内部,导致沉淀物和悬浮物聚集在角孔处和导流区内,造成压力 2. 选型时面积偏小,造成板间流速过高而压降偏大 3. 换热器运行一段时间后,因板片表面结垢引起压降过大	1. 根据实际情况每周清洗一次 2. 重新选型 3. 清除换热器流道中的脏物或板片结垢

续表 6-4

异常现象	原因分析	处理方法
供热温度不能满足要求	1. 热源介质流量不足或冷侧温度低，并且冷、热末端温度低。 2. 并联运行的多台板式换热器流量分配不均 3. 换热器内部结垢严重	1. 增加热源的流量或加大热源介质管路直径 2. 平衡并联运行的多台板式换热器的流量 3. 将换热器解体，清洗板片表面结垢

【技能训练】

板式换热器操作与保养训练

★训练目标

(1)熟悉板式换热器的常见故障及处理方法。

(2)掌握板式换热器的操作、清洗与保养等标准操作规程。

★训练准备

(1)了解板式换热器的操作、清洗与保养等标准操作规程。

(2)了解板式换热器的结构特点、常见故障及处理方法。

(3)板式换热器如图 6-23 所示。

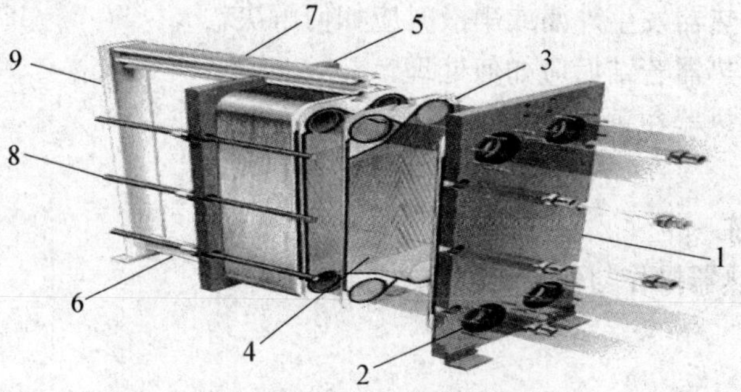

图 6-23 板式换热器结构图

1. 固定压紧板 2. 连接口 3. 垫片 4. 板片 5. 活动压紧板 6. 下导杆 7. 上导杆 8. 夹紧螺栓 9. 支柱

★操作要领

(1)开车前要注意检查冷、热介质的进口阀门是否关闭,出口阀门是否开启。

(2)开车时先启动冷、热介质的泵,慢慢地打开冷介质的进口阀,然后打开热介质的进口阀,使介质缓慢地流入换热器,以免温度过高。

(3)定时检查换热器的所有密封面及焊缝,观察有无渗漏等不正常现象。若发现渗漏,应及时在渗漏处做上记号,待停机后处理。

(4)定时检查压力表、温度计,观察是否有不正常现象。

(5)定期对低压侧介质进行化验,以免有高压侧介质混入。如有混入,说明发生内漏,应停机处理。

(6)停车时先慢慢关闭热、冷介质的进口阀,然后关闭两介质的出口阀。对温度较高的介质及腐蚀性介质,应尽量使设备放空,以免打开设备时烫伤人和腐蚀设备。

(7)一般情况可不解体清洗,用纯化水以与介质流动反方向冲洗,可冲出杂物,但压力不得高于工作压力,也可用对不锈钢无腐蚀性的化学清洗剂清洗。

(8)如长时间使用,板片会有一定的沉积物结垢而影响换热效果,因此须定期拆洗。拆洗时将换热器解体,用棕刷洗刷板片表面污垢,也可用无腐蚀性的化学清洗剂洗刷。注意不得用金属刷洗刷,以免损伤板片影响防腐能力。

(9)重装组件前,检查密封垫片是否有老化、变质、裂纹等缺陷,检查换热板片是否有局部变形,超过允许值的,应进行修整或更换。夹紧螺栓应均匀、对称、交叉拧紧,夹紧螺栓要拧紧至板束长度达计算值尺寸时为止。

★思考与分析

(1)板式换热器发生外漏或串液时应如何解决?

(2)板式换热器若结垢应如何处理?

(3)板式换热器在重新组装时应注意哪些问题?

★拓展训练

列管式换热器操作与保养。

第七章　蒸发设备

知识目标

●理解蒸发过程的基本概念。

●熟悉蒸发过程的节能措施。

●掌握蒸发的原理及设备结构。

能力目标

●能够正确操作蒸发器。

第一节　概　　述

在工业生产中，蒸发是指将含有不挥发溶质的溶液加热至沸腾状态，使其中部分溶剂汽化为蒸汽并被移除，以提高溶液中不挥发溶质浓度的单元操作。蒸发的目的为：

(1)将溶液中溶剂汽化，以便制取浓缩液作为成品或半成品，如在中药生产中，常采用蒸发操作获得浓缩液。

(2)将溶液浓缩至饱和状态与结晶联合操作得到固体产品，如生产维生素 C 的中间体 *L*-山梨糖就是经蒸发后冷却结晶而获得 *L*-山梨糖晶体。

(3)借蒸发去除溶剂中的杂质，制取较纯的溶剂组分，如制取蒸馏水。

工业生产中被蒸发的料液多为水溶液，故本章只讨论水溶液的蒸发。对于其他溶液的蒸发，水溶液蒸发的有关原理及设备也同样适用。

一、蒸发过程基本概念

典型的单效蒸发流程如图 7-1 所示，主体设备为蒸发器，由上、下两部分组成。蒸发器的上部是蒸发室，其作用是提供蒸发空间，并分离蒸汽中夹带的液滴；蒸发器的下部是由若干垂直加热管组成的加热室。

操作时，原料液由蒸发室的下部加入，受热沸腾后在加热管间作循环流动，达到规定浓度后的完成液从蒸发器底部排出。蒸发产生的二次蒸汽经蒸发室和顶

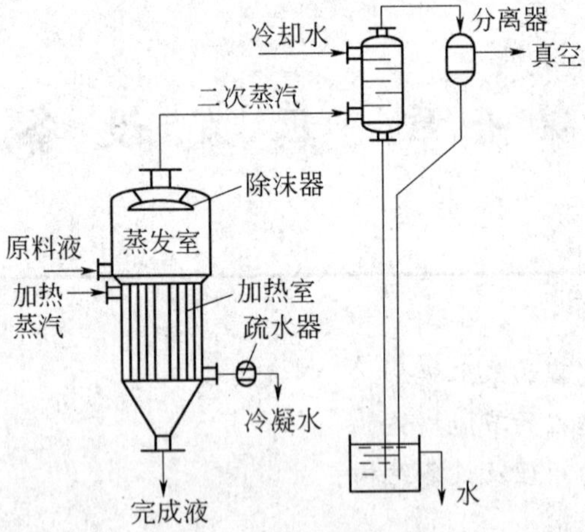

图 7-1 单效蒸发流程

部的除沫器分离出液沫后，进入冷凝器内与冷却水直接混合后排出。加热蒸汽的冷凝水由加热室下部，经疏水器排出。

蒸发操作的热源通常为饱和水蒸气，称为加热蒸汽或生蒸汽。为了与加热蒸汽相区别，将从溶液中汽化出来的水蒸气称为二次蒸汽。

二、蒸发操作的特点

蒸发操作是从溶液中分离出部分溶剂，而溶液中所含溶质的数量不变，因此蒸发是一个热量传递过程。但蒸发过程与通常的传热过程相比，又有其自身的特点：

1. 溶液沸点升高　沸点是液体蒸汽压等于外压的温度。被蒸发的料液中不挥发性溶质的存在致使在相同的压力下溶液的沸点高于纯溶剂的沸点。因此，当加热蒸汽温度一定时，蒸发溶液时的传热温度差小于蒸发溶剂时的温度差。溶液的浓度越高，这种现象越显著。

2. 物料的工艺特性　蒸发过程中，物料的特性，如热敏性、黏稠性、泡沫性、结晶性、结垢性、腐蚀性等，随着溶液浓度的提高而改变。有些物料在浓缩过程中可能结垢、结晶或产生泡沫，从而使传热过程恶化；有些物料是热敏性的，在高温下停留时间过长可能会使物料分解或变质；有些物料因浓缩而使黏度和腐蚀性增大。

3. 雾沫夹带　蒸发产生的二次蒸汽中常夹带大量液滴，冷凝前必须设法除去，否则不但损失物料，而且会对冷凝设备及多效蒸发器的传热面造成污染，影响传热效果。

4. 能量的回收利用　蒸发时需消耗大量的加热蒸汽，而溶液汽化又产生大量的二次蒸汽。如何充分利用二次蒸汽的潜热，使单位加热蒸汽能移去较多的溶剂，是蒸发中要考虑的经济性问题。

三、蒸发操作的分类

（一）按操作方式分类

1. 间歇蒸发　间歇蒸发是指分批进料或出料的蒸发操作。其特点是在整个过程中，蒸发器内溶液的浓度和沸点随时间不断改变，故间歇蒸发是非稳态操作过程，适合于小规模、多品种的场合。

2. 连续蒸发　连续蒸发是连续加料、连续出料的稳态操作过程，适合于大规模的生产。

（二）按操作压力分类

1. 常压蒸发　常压操作时，通常采用敞口设备，二次蒸汽直接排到大气中。常压蒸发的设备费用低，但热能利用率差。

2. 加压蒸发　加压蒸发是在设备操作压力高于当地大气压力的情况下进行的，通常采用密闭设备，其目的主要是为了提高二次蒸汽的温度，以提高热能的利用率。压力提高后，溶液的沸点升高，流动性好，有利于提高传热效果。

3. 减压蒸发　减压蒸发是在设备操作压力低于大气压的情况下进行的。真空下能降低溶液的沸点，有利于低压蒸汽或废热蒸汽的利用。但沸点降低后，溶液的黏度会增大，同时形成低真空需要增加设备和消耗动力。

（三）按二次蒸汽的利用情况分类

1. 单效蒸发　若产生的二次蒸汽不加利用，直接经冷凝器冷凝后排出，这种操作称为单效蒸发。单效蒸发一般用于小批量、间歇生产的场合。

2. 多效蒸发　若把产生的二次蒸汽引至另一操作压力较低的蒸发器作为加热蒸汽，并把若干个蒸发器串联组合使用，这种操作称为多效蒸发。多效蒸发中，二次蒸汽的潜热得到较为充分的利用，提高了加热蒸汽的利用率。故多效蒸发用于大规模、连续性生产的场合。

第二节　多效蒸发与节能措施

一、多效蒸发的原理

在工业生产中，蒸发大量的水分必然要消耗大量的加热蒸汽。为了减少加热蒸汽的消耗量，可采用多效蒸发。在多效蒸发流程中，每一个蒸发器称为一效。通入加热蒸汽(生蒸汽)的蒸发器称为第一效，用第一效产生的二次蒸汽作为加热蒸汽的蒸发器称为第二效，依此类推。采用多效蒸发的目的是为了节省加热蒸汽的消耗量，提高生蒸汽的利用率。其原理是将多个蒸发器串联起来，利用减压的方法使后一个蒸发器的操作压力和溶液的沸点均较前一个蒸发器的加热室低，从而使前一个蒸发器引出的二次蒸汽作为后一个蒸发器的加热蒸汽，且后一个蒸发器的加热室成为前一个蒸发器的冷凝器，由此实现了二次蒸汽的再利用。

在多效蒸发中，为了保证每一效都有一定的传热推动力，从前效至后效的操作压力必然依次降低，相应地，各效的沸点和二次蒸汽压力也依次降低。因此，只有在提供的加热蒸汽压力足够高或末效采用真空蒸发时，才能使多效蒸发顺利进行。

二、多效蒸发的流程

按料液加入方式的不同，常见的多效蒸发操作流程有以下三种，下面以三效蒸发为例进行说明。

(一)并流加料流程

这是工业上最常见的一种方法，如图 7-2 所示，料液与加热蒸汽的流动方向相同，均由第一效依顺序流至末效。

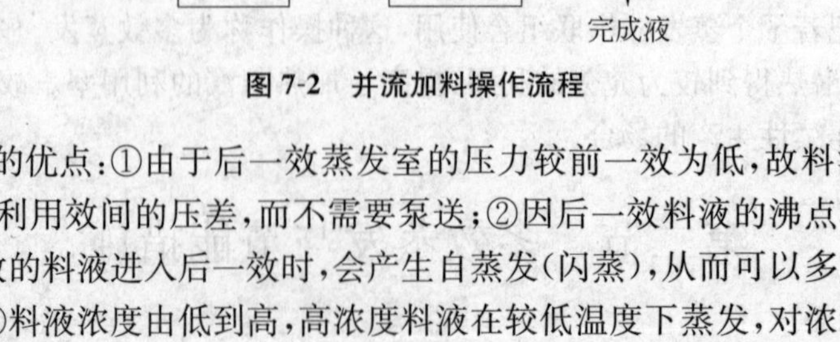

图 7-2 并流加料操作流程

该流程的优点：①由于后一效蒸发室的压力较前一效为低，故料液在各效间的输送可以利用效间的压差，而不需要泵送；②因后一效料液的沸点较前一效的低，故前一效的料液进入后一效时，会产生自蒸发(闪蒸)，从而可以多产生一部分二次蒸汽；③料液浓度由低到高，高浓度料液在较低温度下蒸发，对浓缩热敏性料液有利。

该流程的缺点是随着料液从前一效逐效流向后面各效，其浓度增高，而温度反而降低，致使料液的黏度增加，蒸发器的传热系数下降。因此，对于随浓度的增加其黏度变化很大的料液不宜采用并流。

(二)逆流加料流程

如图 7-3 所示，料液的流向与加热蒸汽的流向相反，即加热蒸汽由第一效进入，而原料液由末效进入，完成液由第一效排出。

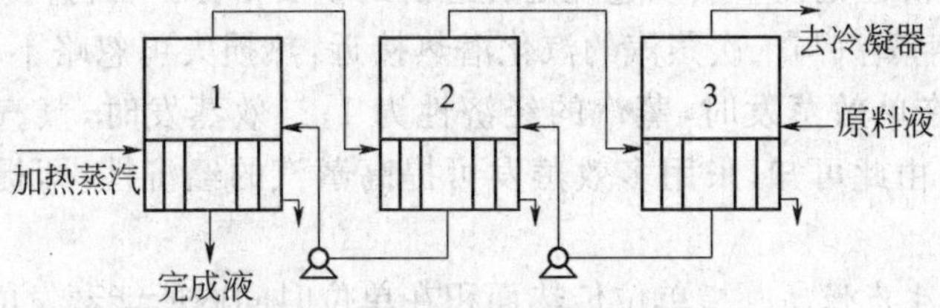

图 7-3　逆流加料操作流程

该流程的优点是随着料液浓度逐效增加，其温度也随之升高。故各效料液的黏度较为接近，各效的传热系数也大致相同。该流程的缺点是料液在各效间的流动必须用泵输送，故动力消耗大。此外，各效（末效除外）均在低于沸点下进料，没有自蒸发，与并流加料相比，所产生的二次蒸汽量较少。一般说来，该流程适合于黏度随温度和浓度变化较大的料液，而不适合于处理热敏性料液。

(三)平流加料流程

如图 7-4 所示，加热蒸汽的流向仍由第一效流向末效，但原料液平行加入各效，完成液亦分别自各效排出。

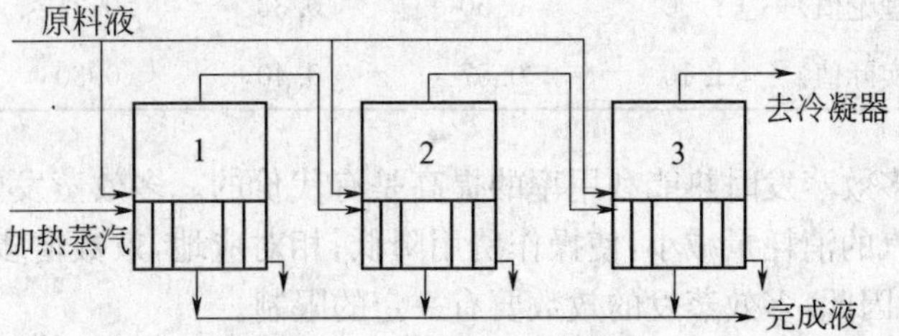

图 7-4　平流加料操作流程

该流程的缺点是每效都处于最大浓度下进行蒸发，所以料液黏度大，致使传热系数较小；同时各效的温度差损失较大，故降低了蒸发设备的生产能力。该流程适合于处理蒸发过程中有结晶析出的料液。

三、多效蒸发效数的限制

(一)评价蒸发过程经济性能的两个重要指标

蒸汽的经济性　蒸发器的操作费用主要用于汽化大量溶剂所消耗的能量上，通常将 1 kg 生蒸汽所能蒸发的水量称为蒸汽的经济性(利用率)。

蒸汽的经济性是衡量蒸发过程是否经济的重要指标。若物料预热至沸点后加入蒸发器，生蒸汽与二次蒸汽的汽化潜热接近，热损失可忽略不计，则从理论上可以认为，在单效蒸发时，蒸汽的经济性为 1；二效蒸发时，蒸汽的经济性为 2，依此类推。由此可知，采用多效蒸发可提高蒸汽的经济性，即提高热能的利用率。

蒸发器的生产强度　指单位传热面积在单位时间内所能蒸发的水量。它是衡量蒸发器传热效果的一个重要指标，其数值越大，对于给定的蒸发任务，所需传热面积就越小，设备费用越低。

(二)效数的限制

如果不考虑能量损失的前提下，粗略地以每千克蒸汽可蒸发 1 kg 水计算，则在 n 效蒸发时，每千克蒸汽可蒸发 n kg 水。但实际上，由于温度差损失的存在，且二次蒸汽的汽化潜热总是大于加热蒸汽的汽化潜热，每蒸发 1 kg 水需消耗 1 kg 以上的加热蒸汽。因此，加热蒸汽消耗量与蒸发水量之比随效数的变化并非线性。表 7-1 列出了多效蒸发时单位蒸汽消耗量的理论值与实际值。

表 7-1　不同效数蒸发的单位蒸汽消耗量

项　目	单效	双效	三效	四效	五效
kg 蒸汽/kg 水(理论值)	1.00	0.50	0.33	0.25	0.20
kg 蒸汽/kg 水(实际值)	1.10	0.57	0.40	0.30	0.27

事实上，多效蒸发时热能利用率的提高是有代价的。多效蒸发中随着效数的增加，单位蒸汽的消耗量减小，使操作费用降低；相对应地，效数增多，设备投资也大大增加了。因此，多效蒸发的效数要有一定的限制。

通常，工业多效蒸发操作的效数取决于被蒸发溶液的性质和温度差损失的大小等各种因素。最佳效数要通过经济核算决定，而单位生产能力的总费用为最低时的效数即为最佳效数。最常用的蒸发流程为 2～5 效，影响效数确定的物料因素如表 7-2 所示。

表 7-2 影响效数确定的物料因素

因素	效数
处理腐蚀性液体或有腐蚀性蒸汽产生，须防止成品受污染	须用石墨、橡胶衬里、衬铅或不锈钢等特殊材料，使蒸发器的价格升高，故一般只用 1～2 效
溶液的黏性	对黏度高的某些热敏性物料用 2～3 效；黏度高而又要求强制循环时采用单效
溶液的沸点升高	沸点急速增大的用单效
热敏性溶液	随浓缩温度和浓缩时间而变化，但真空一般用单效，也用 2～3 效
其他	对易结垢或发泡性严重溶液蒸发一般用单效

四、蒸发过程的节能措施

为了提高加热蒸汽的经济性，除了采用前述的多效蒸发操作之外，工业上还常常采用以下几种节能措施。

(一)额外蒸汽的引出

额外蒸汽是指将蒸发器蒸出的二次蒸汽作为其他加热设备的热源，其流程如图 7-5 所示。引出额外蒸汽时，生蒸汽的消耗量增加，但所增加的生蒸汽量小于引出的额外蒸汽总量，从总体来看，生蒸汽的经济性提高了。另外，由于进入冷凝器的二次蒸汽量减少，也降低了冷凝器的负荷。

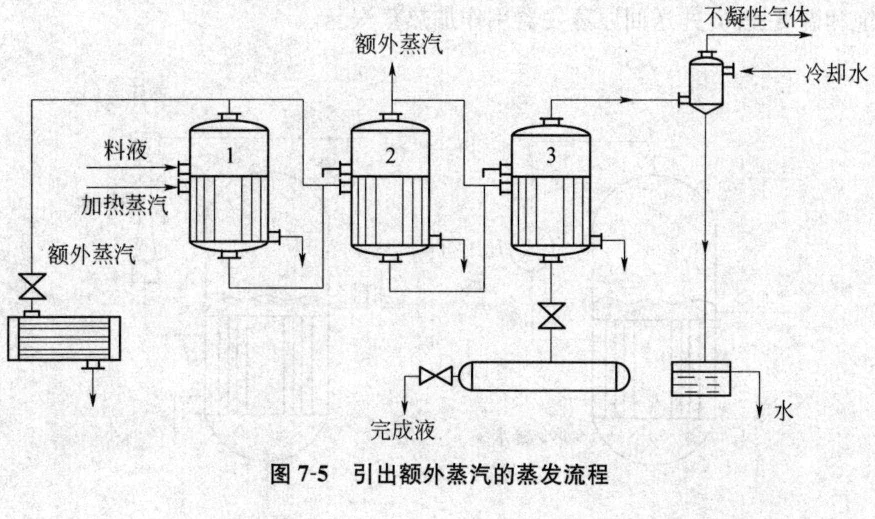

图 7-5 引出额外蒸汽的蒸发流程

(二)冷凝水热能的利用

在蒸发过程中,各效的加热室都会排出大量的冷凝水。工业上常将其用来预热原料液或加热其他物料,所采用的设备一般为间壁式换热器,但间壁式换热器只能利用冷凝水的显热。若将冷凝水减压闪蒸,使其产生部分蒸汽,并与上一效的二次蒸汽一起作为下一效的加热蒸汽,就可以使冷凝水的潜热得到充分利用,从而使蒸汽的经济性得到较大的提高。冷凝水的闪蒸工艺流程如图 7-6 所示。

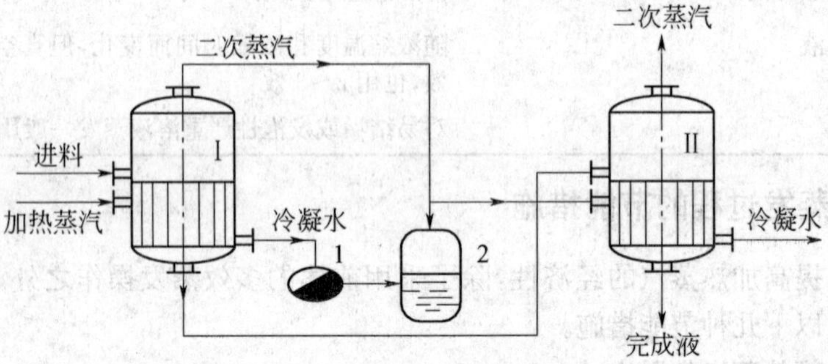

图 7-6 冷凝水的闪蒸工艺流程

1.冷凝水排出器 2.冷凝水闪蒸器

(三)热泵蒸发

所谓热泵蒸发,即二次蒸汽的再压缩。如图 7-7 所示,热泵蒸发的工作原理是借压缩机的绝热压缩作用,或借蒸汽喷射压缩作用,将蒸发器所产生的二次蒸汽的饱和温度提高,并送回原蒸发器用作加热蒸汽。

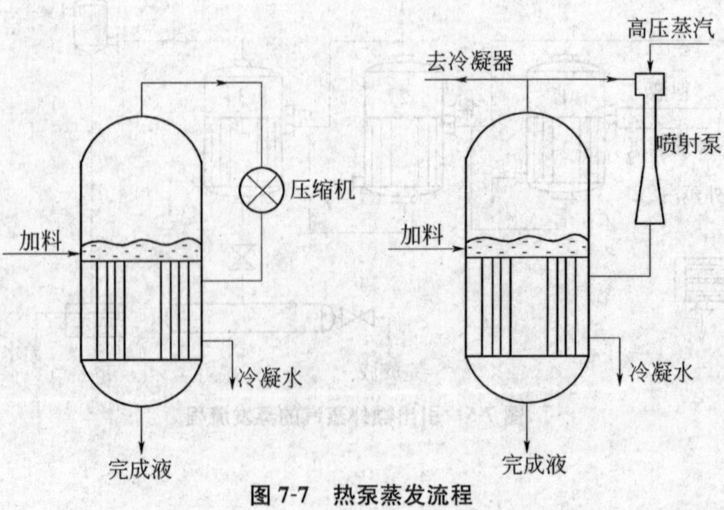

图 7-7 热泵蒸发流程

通常，在单效蒸发和多效蒸发的末效中，二次蒸汽的潜热全部由冷却水带走，而在热泵蒸发操作中，二次蒸汽的潜热被循环利用，而不消耗冷却水，这是热泵蒸发节能的原因所在。

热泵蒸发适用于沸点升高不大的有机溶液或稀溶液的蒸发，而且蒸发器应具有较大的传热面积。

第三节　蒸发设备

进行蒸发操作的设备称为蒸发器，它主要由可进行热交换的加热室和可进行汽液分离的蒸发室组成。此外，蒸发设备还包括使雾沫与液滴进一步分离的除沫器，使二次蒸汽全部冷凝的冷凝器以及减压操作时采用的真空装置等辅助设备。

由于生产要求不同，蒸发器的型式各种各样。但无论是哪种类型的蒸发器都必须满足以下基本要求：①充足的加热热源，以维持溶液的沸腾和补充溶剂汽化所带走的热量；②保证二次蒸汽的迅速排除；③具有一定的传热面积，以保证传热量。

一、蒸发器的型式与结构

工业上常用的蒸发器是间壁传热式蒸发器，按料液在蒸发器中的流动情况，可分为循环型蒸发器和单程型蒸发器两大类。

(一)循环型蒸发器

循环型蒸发器的特点是料液在蒸发器中做循环流动。根据引起料液循环流动的原因不同，又分为自然循环型蒸发器和强制循环型蒸发器两类。常用的循环型蒸发器有以下几种：

1. 中央循环管式蒸发器　结构如图 7-8 所示。加热室由垂直管束构成，管束中央有一根直径较大的管子，称为中央循环管，其截面积一般为管束总截面积的40%～100%。当管内液体被加热沸腾时，中央循环管内气液混合物的平均密度较大，而其余加热管内气液混合物的平均密度较小。由于密度差的作用，料液由中央循环管下降，而由加热管上升，作自然循环流动。料液的循环流动提高了沸腾表面传热系数，强化了蒸发过程。

这种蒸发器具有结构紧凑，制造方便，传热较好，操作可靠等优点，应用十分广泛，有“标准蒸发器”之称。其缺点是清理和检修麻烦；料液循环速度较低，一般仅在 0.5 m/s 以下；传热系数小。它适用于黏度适中，结垢不严重，有少量的结晶析出及腐蚀性不大的场合。

2. 悬筐式蒸发器　结构如图 7-9 所示。它是中央循环管式蒸发器的改进型式，其加热室像篮筐，悬挂在蒸发器壳体的下部，加热蒸汽由顶部引入，在管间加热管内的料液。其原理和中央循环管式蒸发器相同，但料液沿悬筐外壁和外壳体内壁所形成的环隙向下作循环流动。一般环隙截面积为加热管束截面积的 100%～150%。

悬筐式蒸发器的优点是循环速度较中央循环管式蒸发器高，传热系数较大；因蒸发器外壳接触的是温度较低的料液，其热损失较小；因其加热室可由蒸发器顶部取出，故其检修和更换都比较方便。其缺点是结构复杂，单位传热面的金属消耗量较多。它适用于易结晶、结垢料液的蒸发。

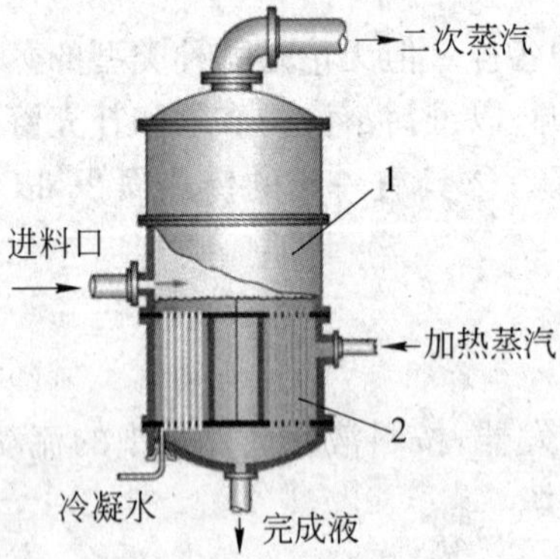

图 7-8　中央循环管式蒸发器

1. 蒸发室　2. 加热室循环管

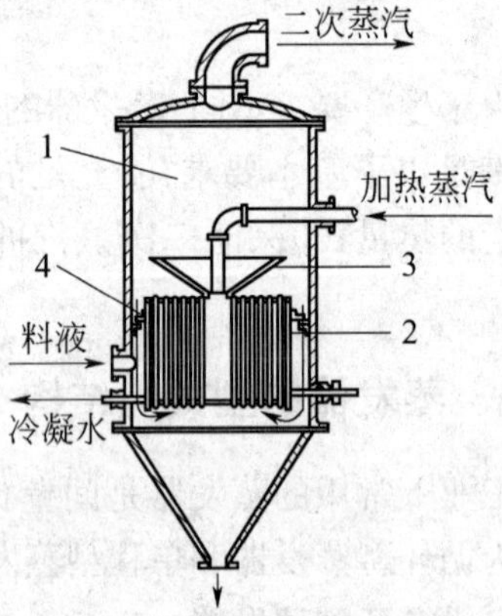

图 7-9　悬筐式蒸发器

1. 加热室　2. 蒸发室　3. 除沫器　4. 液沫回流管

3. 外热式蒸发器　结构如图 7-10 所示，外热式蒸发器的主要特点是把加热器与蒸发室分开安装，这样不仅易于清洗、更换，同时还有利于降低蒸发器的总高度。这种蒸发器的加热管较长，且循环管又不被加热，故料液的循环速度可达 1.5 m/s，它既利于提高传热系数，也利于减轻结垢现象。

4. 列文式蒸发器　结构如图 7-11 所示，列文式蒸发器的特点是在加热室之上增设一个沸腾室。蒸发操作中，由于沸腾室内液柱静压力的作用，加热管内的料液只升温不沸腾，升温后的料液上升至沸腾室时，压力降低，沸腾汽化。另外，其循环管的截面积约为加热管总截面积的 2～3 倍，料液流动阻力小，因而循环速度可达 1.5～2.5 m/s。

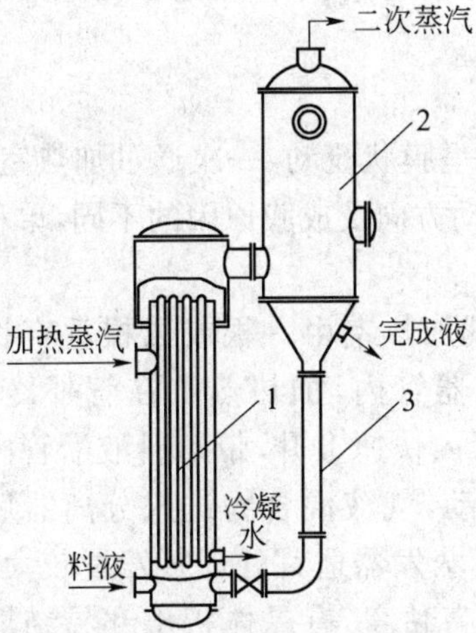

图 7-10　外热式蒸发器

1. 加热室　2. 蒸发室　3. 循环管

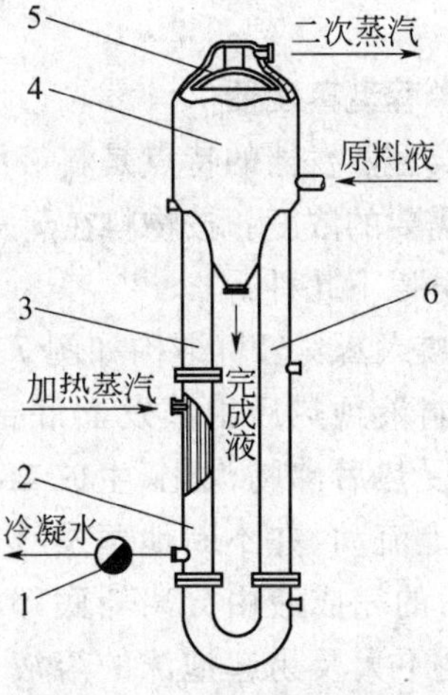

图 7-11　列文式蒸发器

1. 疏水器　2. 加热室　3. 沸腾室
4. 蒸发室　5. 除沫器　6. 循环管

列文式蒸发器的优点是可显著减轻和避免加热管表面的结晶和结垢，较长时间不需要清洗，传热效果较好。其缺点是由液柱静压力引起的温度差损失较大，要求加热蒸汽有较高的压力；设备庞大，消耗材料多，需要高大的厂房。列文式蒸发器适用于易结晶或结垢的料液。

上述几种蒸发器均为自然循环型蒸发器，即靠加热管与循环管内料液的密度差作为推动力，导致料液的循环流动，因此循环速度一般较低，尤其在蒸发黏稠料液（易结垢及有大量结晶析出）时就更低。

5. 强制循环蒸发器　结构如图 7-12 所示，其特点是料液靠泵强制循环，循环速度达 2～5 m/s，并可通过调节循环泵的流量来控制。强制循环蒸发器属管外浓缩，料液通过加热管加热至沸点，在蒸发室内闪蒸，其传热效果好，因此适于蒸发有结晶析出或易结垢的物料。但其缺点是输送设备动力消耗大，每平方米加热面积动力消耗需 0.4～0.8 kW。

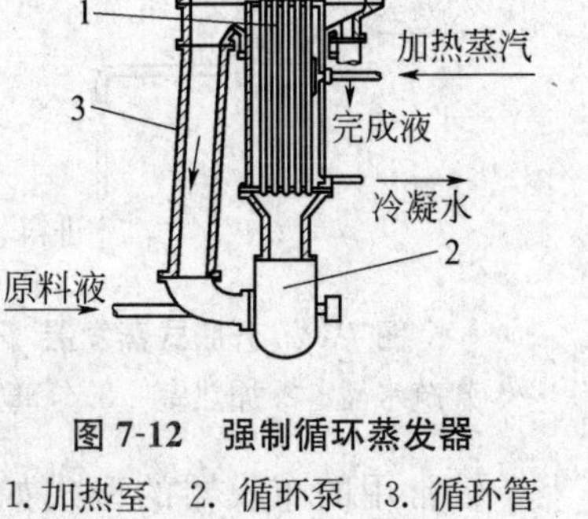

图 7-12　强制循环蒸发器

1. 加热室　2. 循环泵　3. 循环管
4. 蒸发室　5. 除沫器

综上所述，循环型蒸发器共同的缺点是蒸

发器内的料液滞留量大，以致使料液在高温下停留时间较长，不适于处理热敏性物料。

(二)单程型蒸发器

这一类型蒸发器的特点是料液沿加热管壁呈膜状流动，一次通过加热室，即可达到所需要的浓度。按物料在蒸发器内的流动方向及成膜原因的不同，单程型蒸发器可分以下几种：

1. 升膜式蒸发器　结构如图 7-13 所示，其加热室由一根或数根垂直长管组成。原料液预热后由蒸发器底部进入加热器管内，加热蒸汽在管外冷凝。当原料液受热后沸腾汽化，生成二次蒸汽在管内快速上升，带动料液沿管内壁成膜状向上流动，并不断地蒸发汽化，加速流动，气液混合物进入分离器后分离，浓缩后的完成液由分离器底部放出。升膜蒸发器适宜处理蒸发量较大，热敏性，黏度不大及易起泡沫的溶液，但不适于高黏度、有晶体析出和易结垢的溶液。

2. 降膜式蒸发器　结构如图 7-14 所示，降膜式蒸发器的结构原理与升膜式类似。区别在于料液在蒸发器顶部加入，底部得到完成液。为使料液能在壁上均匀成膜，在每根加热管的顶部均需设置液体布膜器。

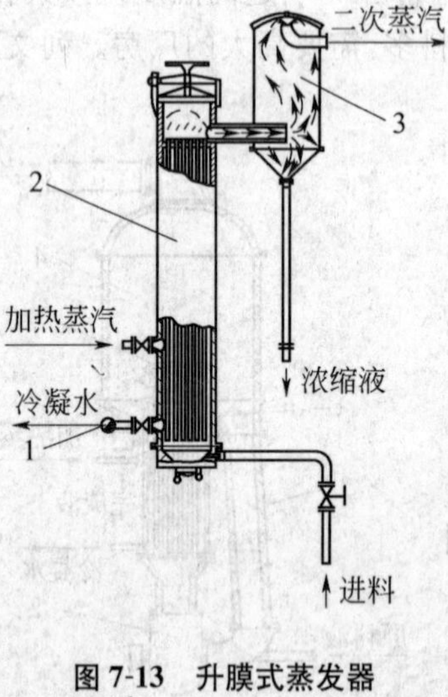

图 7-13　升膜式蒸发器

1. 疏水器　2. 加热室　3. 分离室

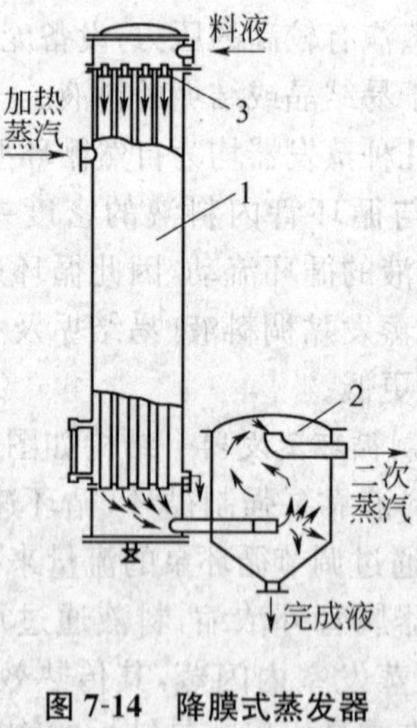

图 7-14　降膜式蒸发器

1. 加热室　2. 分离室　3. 液体布膜器

较常用的布膜器的型式如图 7-15 所示。在图 7-15(a)中，以螺旋型沟槽的圆柱体为导流管，料液沿沟槽向下旋转分布在整个管内壁上；在图 7-15(b)

中，导流管下部为圆锥体，锥体底面向下内凹，以免沿锥体斜面流下的料液再向中央聚集；在图 7-15(c)中，料液通过齿缝沿加热管内壁成膜状下降。在图 7-15(d) 中，料液经泵加压后进入旋液式分配头，利用离心力使料液均匀分布于管的四周。

降膜蒸发器可以蒸发浓度较高的料液，对于黏度较大的物料也能适用。但对于易结晶或易结垢的料液不适用。此外，由于液膜在管内分布不易均匀，与升膜蒸发器相比，其传热系数较小。

3. 刮板薄膜式蒸发器　结构如图 7-16 所示。刮板薄膜式蒸发器主要由加热夹套和刮板组成，夹套内通加热蒸汽，刮板装在可旋转的轴上，刮板和加热夹套内壁保持很小间隙。料液经预热后由蒸发器上部沿切线方向加入，在重力和旋转刮板的作用下，分布在内壁形成旋转下降的液膜，并在下降过程中不断被蒸发浓缩，完成液由底部排出，二次蒸汽由顶部溢出。

这种蒸发器的突出优点是对物料的适应性很强，对于高黏度、热敏性和易结晶、结垢的物料都能适用。其缺点是结构复杂，动力消耗大，传热面积小(一般为 $3\sim4\ m^2$，最大不超过 $20\ m^2$)，故其处理量较小。

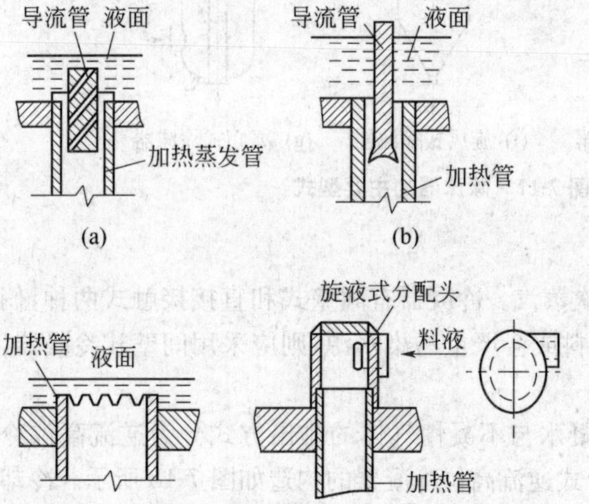

图 7-15　降膜式蒸发器布膜器的型式

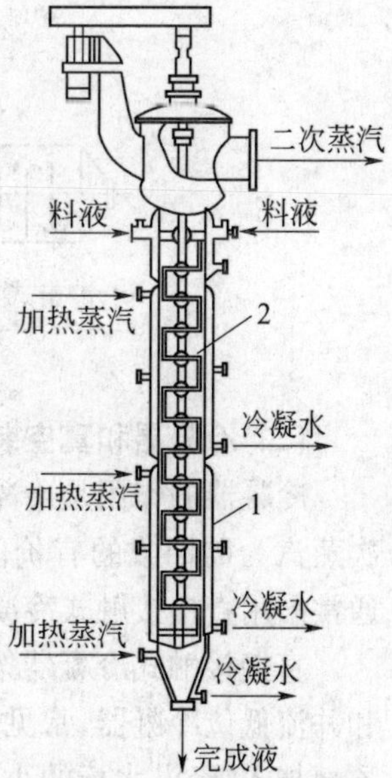

图 7-16　刮板薄膜蒸发器

1. 加热夹套　2. 刮板

二、蒸发器的辅助装置

蒸发器的辅助装置主要包括除沫器、冷凝器、真空装置和疏水器。

(一)除沫器

蒸发操作时产生的二次蒸汽,往往夹带有大量液滴。为了防止产品损失或污染冷却水,常在蒸发器内(或外)蒸汽出口附近装设除沫器。图 7-17 为几种除沫器的结构示意图。图中(a)～(d)直接安装在蒸发器顶部,(e)～(g)安装在蒸发器外部。

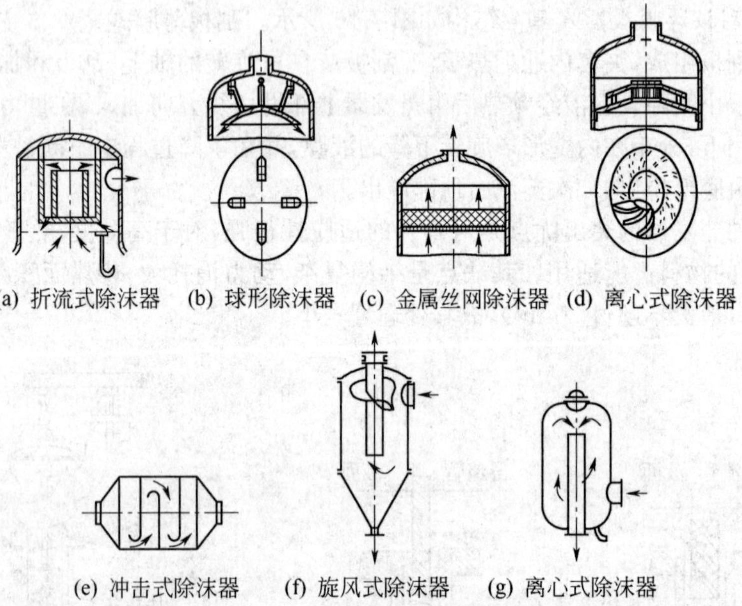

(a) 折流式除沫器 (b) 球形除沫器 (c) 金属丝网除沫器 (d) 离心式除沫器

(e) 冲击式除沫器 (f) 旋风式除沫器 (g) 离心式除沫器

图 7-17 除沫器的主要型式

(二)冷凝器和真空装置

冷凝器的作用是冷凝二次蒸汽。冷凝器有间壁式和直接接触式两种,倘若二次蒸汽为需回收的有价值物料或会严重污染水源,则应采用间壁式冷凝器,否则通常采用直接接触式冷凝器。

直接接触式冷凝器按冷凝水与不凝性气体的排出方式分为逆流高位冷凝器和并流低位冷凝器,常见的干式逆流高位冷凝器的构造如图 7-18 所示。冷却水由顶部加入,经淋水板的小孔或溢流堰流下,并与逆流上升的二次蒸汽直接接触,使二次蒸汽不断冷凝。水和冷凝液沿气压管排出。空气和其他不凝性气体则由顶部引出管抽出,被空气由冷凝器中带出的液滴在分离器中与空气分离后沿气压管(俗称"大气腿")流下。

当蒸发器采用减压操作时，无论采用何种冷凝器，均须于其后设置真空装置以排除不凝性气体，并维持蒸发所要求的真空度。常用的真空装置有水环式真空泵、喷射泵及往复式真空泵。

(三)疏水器

疏水器是能自动地间歇地排除蒸汽管道、加热器等蒸汽设备系统中的冷凝水，而又能防止蒸汽泄出的设备。工业中常用的疏水器按其启闭的作用原理可分为机械式、热膨胀式和热动力式等类型。其中热动力式疏水器的体积小、造价低，应用较为广泛。

热动力式疏水器利用蒸汽与水的热力性质的不同，使阀片直接开启或关闭，达到排水阻汽的目的。如图 7-19 所示，其内有一个活动阀片，既是敏感件又是动作执行件。当冷凝水从左侧进口流入疏水器时，冷凝水在加热蒸汽压力的推动下经滤网进入中央孔道，将阀片顶开，由于冷凝水不易通过阀片与阀盖间的缝隙流入变压室，使阀片保持开启状态，冷凝水经过环形槽和斜孔，最后由右侧的出口排出。

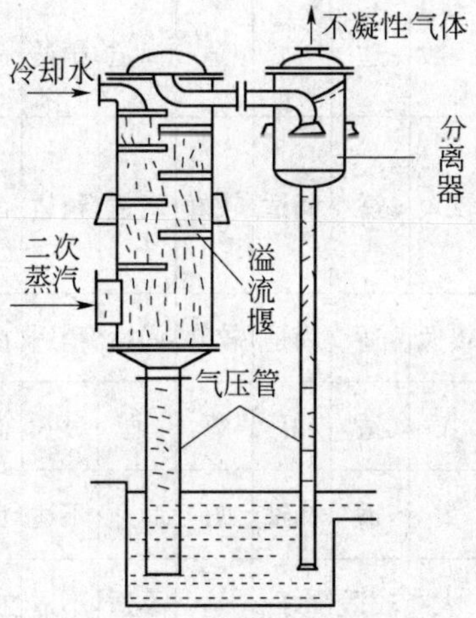

图 7-18 逆流高位冷凝器

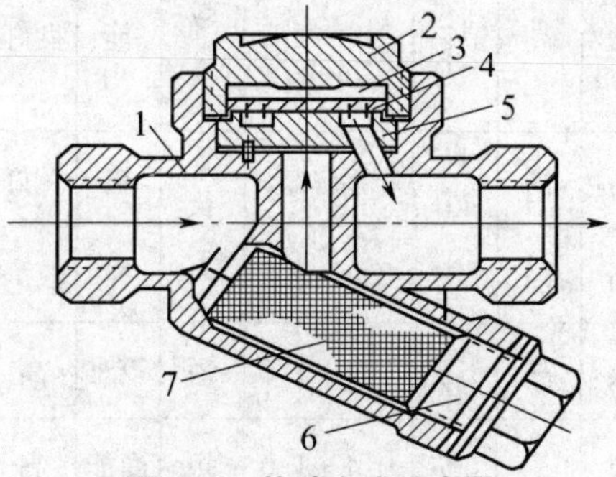

图 7-19 热动力式疏水器

1. 阀体 2. 阀盖 3. 变压室 4. 阀片 5. 阀座 6. 螺塞 7. 滤网

当蒸汽从中央孔道流入时，因蒸汽比凝结水的体积和流速大，使阀片上下产生压差，加上自身重力，阀片迅速关闭。当疏水器阀片上面的蒸汽降温成冷凝水时，变压室的压力降低。当冷凝水再次流入时，阀片重新开启，实现周期性排水。

三、蒸发器的选型与性能比较

蒸发器的结构形式很多,蒸发器的性能各不相同。在实际选择时,除了要求结构简单、易于制造、金属耗量小、维修方便、传热效果好外,还要看它能否适应所蒸发物料的工艺特性,包括物料的黏性、热敏性、腐蚀性、结晶或结垢性等。对于热敏性物料,常用单程型蒸发器;对于高黏度的溶液,常用强制循环式、回转式或降膜式蒸发器;对于易结垢或易析出结晶的溶液,常用标准式、悬筐式、强制式蒸发器;对于发泡性溶液,常用强制循环式或薄膜式蒸发器。常见蒸发器的主要性能如表 7-3 所示。

表 7-3 常见蒸发器的主要性能

蒸发器形式	制造价格	传热系数		溶液在管内的速度/(m/s)	停留时间	完成液浓度能否恒定	浓缩比	处理量	能否适应物料的工艺特性					
		稀溶液	高黏度						稀溶液	高黏度	易产生泡沫	易结垢	有结晶析出	热敏性
水平管式	最廉	良好	低	—	长	能	良好	一般	适	适	适	不适	不适	不适
中央循环管式	最廉	良好	低	0.1～0.5	长	能	良	一般	适	适	适	尚适	稍适	尚适
外热式(自然循环)	廉	高	良好	0.4～1.5	较长	能	良好	较大	适	尚适	较好	尚适	稍适	尚适
列文式	高	高	良好	1.5～2.5	较长	能	良好	较大	适	尚适	较好	尚适	稍适	尚适
强制循环	高	高	高	2.0～3.5	—	能	较高	大	适	好	好	适	适	尚适
升膜式	廉	高	良好	0.4～1.0	短	较难	高	大	适	尚适	好	尚适	不适	良好
降膜式	廉	良好	高	0.4～1.0	短	尚能	高	大	较适	好	适	不适	不适	良好
刮板式	最高	高	良好	—	短	尚能	高	小	较适	好	—	适	适	良好
旋风式	最廉	高	良好	1.5～2.0	短	较难	较高	小	适	适	适	尚适	适	良好
板式	高	高	良好	—	较短	尚能	良好	较小	适	尚适	适	不适	不适	尚适
浸没燃烧	廉	高	高	—	短	能	良好	较小	适	适	适	适	适	不适

第四节 蒸发器的操作与维护

蒸发设备的正确使用要求操作人员具备蒸发器的结构、原理、性能等基础知识,以及规范操作、保养、检查及排除故障等技能。由于蒸发器属于压力容器,操作人员还须具有蒸发器的安全操作知识,才能使蒸发器安全正常运行,使其发挥最大的效益。蒸发器根据其工作时溶液循环原理及用途等不同,有多种结构型式,但其基本的操作和维护还是具有一些共同的规律,本节以三效蒸发为例加以说明。

一、蒸发器的操作

蒸发系统的日常运行操作包括系统开车、设备运行及停车等方面。

(一)开车前的准备工作

(1)检查各效加热器及蒸发器是否清洁干净。

(2)检查各阀门是否处于正确的启闭位置。

(3)检查各压力表、真空表、安全阀、视镜是否完好,自控仪表是否灵活。

(4)检查各进料泵、强制循环泵、热水泵等是否正常。

(5)打开蒸汽排污阀,将蒸汽管内残留的冷凝水及污物排至下水道后,关闭蒸汽排污阀。

(二)正常开车操作

(1)开启清水泵,当Ⅲ效蒸发器内真空度符合规定值时,开始向Ⅰ效蒸发器进料。

(2)当Ⅰ效蒸发器液面达到规定液面时,缓缓开启蒸汽阀门,升温加热至所需压力,并向Ⅱ、Ⅲ效蒸发器进料。

(3)打开各效冷凝水排放阀。

(4)排放各效不凝气体,当有蒸汽排出时,方可全部关闭各效排气阀。

(5)逐渐调整各控制指标到正常范围,转入正常运行。

(三)正常运行

(1)调整各效进料阀的开启度,控制液面维持于某一高度。

(2)每蒸发 2 h 左右打开一次加热器排气阀,排除不凝性气体。

(3)除Ⅰ效加热器的冷凝水单独排放外,Ⅱ,Ⅲ效约半小时排放一次冷凝水。

(四)收膏操作

(1)关闭Ⅱ、Ⅲ效的进料阀,Ⅲ效的真空阀。

(2)打开Ⅰ效真空旁路阀门,将Ⅰ效蒸发器的真空度提高。

(3)打开Ⅱ、Ⅲ效的排空阀,将料液全部抽入Ⅰ效蒸发器。

(4)使料液在Ⅰ效单独进行热循环,蒸发至所需浓度即出料。

(五)停车

(1)关闭蒸汽阀门,停止供给蒸汽。

(2)关闭真空阀,停止真空泵运行。

(3)打开蒸发器的排气阀,破坏蒸发器的真空度。

(4)打开排气阀及排水阀,将冷凝水排除掉。

二、蒸发器的维修保养

(1)每半年校验一次压力表、真空表、温度表。

(2)经常检查视镜,入孔各连接处的密封,必要时更换密封圈,经常检查各阀门是否有漏气、漏水现象。

(3)如中途遇机件损坏或断水等故障,应立即停止使用,先关蒸汽阀门后,破坏其真空度,再关冷却水阀。

(4)Ⅲ效内结垢,先用冷水冲洗,后用洗涤剂(NaOH 溶液)在真空和加热情况下煮沸,用刷子清除加热室和蒸发室内污垢,用清水冲洗干净。

(5)大修周期为 1 年,大修时对保温层应检查,损坏和失效者应更换或修补。

三、异常现象分析及处理方法

蒸发器异常现象分析及处理方法见表 7-4。

表 7-4 蒸发器异常现象分析及处理方法

异常现象	原因分析	处理方法
Ⅰ效蒸发器加热室压力升高	1. 生蒸汽压力高 2. Ⅰ效加热室结垢 3. 冷凝水排出不畅 4. 蒸发室料液浓度过高	1. 降低压力 2. 洗罐 3. 排除积水 4. 迅速补充新料液
蒸发浓度上升慢,生产能力下降	1. 预热温度低 2. 加热室结垢 3. 蒸发器加热室积水 4. 加热室积不凝性气体 5. 蒸发器液面过高	1. 检查调整预热器 2. 小洗或大洗蒸发器 3. 排除积水 4. 排除不凝性气体 5. 调节液面

续表 7-4

异常现象	原因分析	处理方法
Ⅱ,Ⅲ效冷凝水含碱高	1. Ⅰ效液面高、跑料 2. Ⅱ效加热室漏 3. Ⅱ效预热器漏	1. 降低液面 2. 停车检修 3. 停车检修
真空度低	1. 真空系统漏气 2. 真空管路或蒸发器帽罩堵塞不畅 3. 上水量过小或上水温度高 4. 下水管结垢或堵塞 5. 喷嘴堵塞 6. 加热室漏	1. 检查补漏 2. 检查后冲洗 3. 加大水量、改善水质 4. 换下水管 5. 停车处理 6. 停车维修
蒸发器振动	1. 液面高时仍在补充料液 2. 开车时,蒸汽阀开度大	1. 降低液面 2. 开车时缓慢开启阀门
蒸发器液面沸腾不均匀	1. 加热室内有空气 2. 部分加热管堵塞 3. 加热管漏	1. 排放不凝性气体 2. 洗罐检查 3. 停车检修

【技能训练】

中药提取浓缩设备操作训练

★训练目标

(1)掌握中药提取浓缩装置正常开车、停车的步骤。

(2)熟悉紧急停车的情况及步骤。

★训练准备

(1)了解浓缩装置的工作原理、操作及养护要求。

(2)了解浓缩主体设备及辅助设备的结构、特点及作用。

(3)中药提取浓缩装置如图 7-20 所示。

图 7-20 中药提取浓缩设备实训图

★操作步骤

开车前检查 ⇨ 提取操作 ⇨ 浓缩操作 ⇨ 有机溶剂回收 ⇨ 清洗设备

★思考与分析

(1)开车前的准备工作有哪些?

(2)不凝气体的存在对蒸发系统有哪些影响?

(3)在中药提取浓缩装置中有哪些辅助设备,各起什么作用?

★拓展训练

多效蒸馏水机操作。

第八章 干燥设备

知识目标

- 理解湿空气的性质，物料中所含水分的性质及平衡关系，影响干燥速率的因素。
- 熟悉各种干燥设备的选用及在生产中的应用。
- 掌握工业生产中的干燥原理及设备结构。

能力目标

- 能够正确操作干燥器。

干燥是利用热能使湿物料中的湿分（水分或其他溶剂）气化，并利用气流或真空带走气化了的湿分，从而获得合格产品的单元操作。在制药生产过程中，干燥是其中极为重要的工艺环节，直接关系到药品的质量以及药品的生产效率。由于干燥操作常用热空气作干燥介质，能量消耗较多，因此在生产中湿物料一般都先用沉降、过滤或离心分离等机械方法除去大部分湿分，然后再用适当的干燥设备制成合格的产品。

第一节 干燥过程原理

一、干燥过程分类

生产中的干燥方法多种多样，从不同角度考虑可以有不同的分类方法。

按操作压力的不同，可分为常压干燥和真空干燥。常压干燥适合对干燥没有特殊要求的物料干燥，生产中多属于这类干燥；真空干燥的操作费用昂贵，只是物料必须要在低温或缺氧状态下干燥时，或物料在加热介质中和高温下干燥会变质时，才推荐使用。

按操作方式的不同，可分为连续式干燥和间歇式干燥。连续式干燥的特点是生产能力大，干燥质量均匀，热效率高，劳动条件好；间歇式干燥的特点是品种适应性广，设备投资少，操作控制方便，但干燥时间长，生产能力小，劳动强度大。

按热能传给湿物料的方式不同，可分为对流干燥、传导干燥、辐射干燥、介电加热干燥，以及由其中几种方式组成的联合干燥。

目前，生产中应用最广泛的是对流干燥，本章主要讨论以空气为干燥介质，湿分为水的对流干燥过程。

二、干燥过程分析

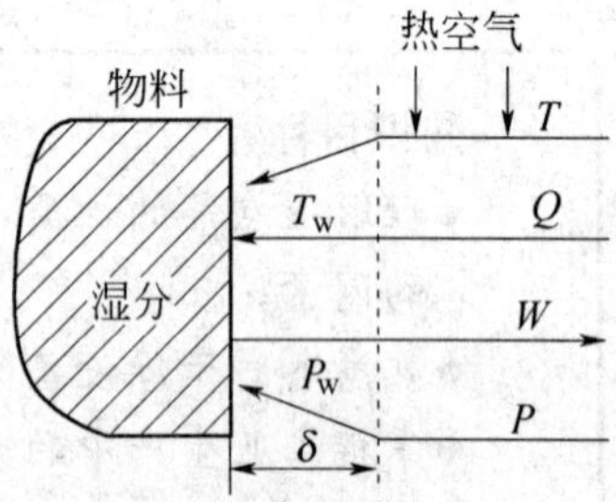

图 8-1　热空气与湿物料间的传质和传热

W，由物料中汽化的水分量
Q，由空气传给物料的热量
T，空气主体的温度
P，空气中的水蒸气分压
T_W，物料表面温度
P_W，物料表面的水蒸气压力
δ，气膜厚度

在干燥过程中，当热空气与湿物料接触时，热空气流的热能以辐射、对流、传导等方式传给湿物料表面，再从表面传到内部，这是一个传热过程，其动力是二者的温度差。与此同时，物料吸收热量，表面的水分首先汽化扩散到空气中，并被气流带走。物料内部的含水率较表面高，由内及表产生湿度梯度，因此物料内部的水分以液态或汽态的形式向表面扩散，然后透过物料表面的气膜扩散到热空气流中，这是一个传质过程，其动力为二者的水蒸气分压之差。因此，物料干燥过程是传热和传质同时进行的过程。

干燥过程得以进行的必要条件是必须使干燥物料表面所产生的水蒸气压力大于干燥介质中的水蒸气分压。这样，固体表面的水分才能不断地向干燥介质中汽化。压强差越大，干燥进行得越快。为了保持一定的压强差，产生的水蒸气必须用干燥介质及时带走。若压强差为零，则表示物料与干燥介质之间的水蒸气达到了动态平衡，干燥过程也随之停止。图8-1表示了热空气与湿物料间的传质和传热情况。由上述分析可知，干燥介质既是载热体又是载湿体。

三、湿空气的性质

湿空气是干空气和水蒸气的混合气体。湿空气的性质可以用湿度、压强、水蒸气的含量及焓等参数来表示。这些参数均以单位质量的绝干空气为基准。这是因为在干燥过程中水汽含量是不断变化的，而绝干空气的质量是不变的，所以选取 1 kg 绝干空气作基准对干燥计算而言是很方便的。

湿度　又称湿含量、绝对湿度，是指单位质量干空气中所含有的水蒸气质量，用 H 表示。空气的湿度与湿空气的总压及其中的水蒸气分压有关，当总压一定时，湿度仅与水蒸气分压有关。

相对湿度　在一定温度和总压下，湿空气的水蒸气分压与同温度下水的饱和蒸气压之比的百分数，称为相对湿度，以 φ 表示。

若 $\varphi=0$，表示空气为绝干空气，不含水分；若 $\varphi=100\%$，表示湿空气达到饱和状态，在此条件下无干燥能力。因此，只有当 $\varphi<100\%$ 的不饱和空气才能作为干燥介质。φ 值越小，表示该空气偏离饱和程度越远，干燥能力越大。

因此，在干燥操作中，为降低湿空气的相对湿度，提高其除湿能力及传热、传质推动力，通常将湿空气先预热后再送入干燥器。

干湿球温度　用普通温度计测得的湿空气的真实温度，称为湿空气的干球温度，简称温度，用 T 表示。将普通温度计的感温球用纱布包裹，并将纱布下端浸在水中，由于毛细管作用，纱布被水充分润湿，这样形成湿球温度计。将此温度计置于温度为 T，湿度为 H 的湿空气气流中，则此温度计所指示的平衡温度，称为空气的湿球温度，用 T_W 表示。干湿球温度计测量原理如图 8-2 所示。

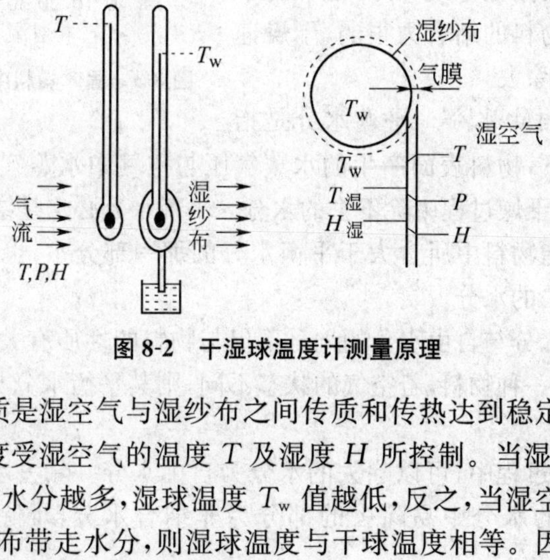

图 8-2　干湿球温度计测量原理

湿球温度实质是湿空气与湿纱布之间传质和传热达到稳定时湿纱布中水分的温度。这一温度受湿空气的温度 T 及湿度 H 所控制。当湿空气的 H 值越小时，从纱布汽化的水分越多，湿球温度 T_w 值越低，反之，当湿空气已达饱和状态时，湿空气不从纱布带走水分，则湿球温度与干球温度相等。因此湿球温度不是真实温度，它是湿空气的一个特征温度。

露点　不饱和空气在湿度和总压都不改变的条件下，冷却到饱和状态时的温度叫露点温度，简称露点。即当气温与露点温度相等时，湿空气达到饱和状态，再降低温度则有露珠形成。由此可知，在干燥操作中，热空气的温度必须高于露点，以防粉状或颗粒状固体物料因受潮而达不到干燥的目的。

四、物料中水分的性质

根据物料本身的性质，物料中所含的水分可分为结合水和非结合水；根据物料干燥过程中的干燥情况，物料中所含的水分又分为平衡水分和自由水分。物料中水分的相互关系如图 8-3 所示。

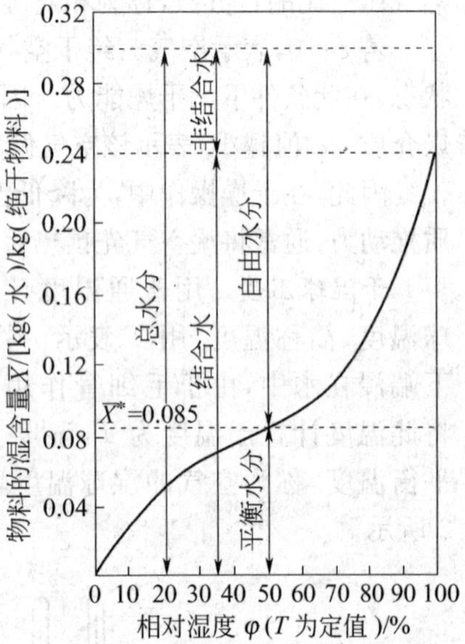

图 8-3　固体物料中水分的相互关系

结合水与非结合水　结合水是指主要以物理化学方式与物料结合的水分，如结晶水、动植物物料细胞壁内的水分、物料内毛细管中的水分。结合水与物料的结合力较强，干燥速度缓慢，因此较难除去。

非结合水是指主要以机械方式结合的水分，如物料中吸附的水分和孔隙中的水分。非结合水与物料的结合力很弱，干燥速度较快，因此易于除去。

平衡水分与自由水分　平衡水分是指在一定空气状态下，物料表面产生的水蒸气压与空气中水蒸气分压相等时，物料中所含的水分，是干燥过程中除不去的水分。平衡水分必定是结合水分。

自由水分是指物料中所含大于平衡水分的那一部分水，也称为游离水，是在干燥过程中能除去的水分。

物料中平衡水分与自由水分的划分不仅与物料的性质有关，而且还取决于空气的状态，即使同一种物料，若空气的状态不同，则其平衡水分与自由水分的值也不相同。

总之，在干燥过程中，可以除去的水分为自由水分。除去水分的界限为平衡水分。在可除去的水分中易除去的部分为非结合水分，难除去的部分为结合水分。

五、干燥速率

干燥速率是指在单位时间内、单位干燥面积上待干物料所汽化的水分量。通常，干燥速率可以从实验测得的干燥曲线中求取。由图 8-4 可知，物料的干燥过程一般可分为预热阶段、恒速阶段和降速阶段。

1. 预热阶段　湿物料进入干燥器的温度一般低于空气的湿球温度，故有一个短暂的预热阶段，如图 8-4 所示 AB 段。在此阶段，空气的部分热量用于升高物料的温度，水分汽化量较小。

2. 恒速阶段　如图 8-4 所示 BC 段。在此阶段主要去除的是非结合水。物料的温度等于空气的湿球温度，热空气提供的热量只用来蒸发物料表面的水分，干燥速率恒定且为最大值。因此干燥速率的大小取决于空气的性质和流动情况。

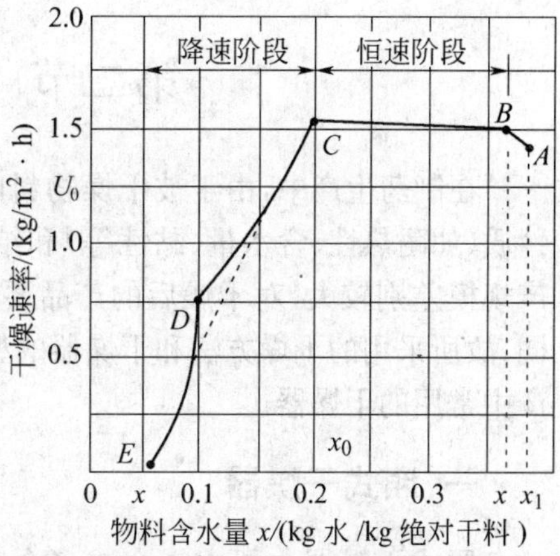

图 8-4　恒定干燥情况下的干燥速率曲线

3. 降速阶段　如图 8-4 所示 CDE 段。此阶段去除的主要是结合水，空气提供的热量，一部分用于水分的汽化，一部分用于加热物料，物料温度开始上升，干燥速率逐渐降低。因此干燥速率取决于物料本身结构、形状和大小。

由上述讨论可知，在干燥过程中，恒速阶段与降速阶段的划分是由物料的临界含水量 X_0 确定。临界含水量 X_0 是影响物料干燥速率和干燥时间的重要参数之一，如果物料的临界含水量 X_0 值越大，物料转入降速干燥阶段越早，则在相同的干燥条件下所需的丁燥时间越长。因此，在操作过程中，可以采用减小被干燥物料层的厚度、增强对物料的翻动、减小结块物料的平均粒径等方法，降低临界含水量，以控制整个干燥过程。

六、影响干燥速率的因素

干燥速率的影响因素主要有三个方面：湿物料、干燥介质和干燥设备。

物料的性质和形状　包括物料的物理结构、化学组成、形状和大小、物料层的厚度以及与水分的结合方式。在降速干燥过程中，物料的性质和形状起决定因素。

物料本身的温度　物料的温度愈高，干燥速率愈大。但干燥器中物料的温度又与干燥介质的温度有关。

干燥介质的温度和湿度　干燥介质的温度越高、湿度越低，干燥速率越大。

干燥介质的流速和流向　干燥介质流速大可提高恒速阶段的干燥速率，干燥介质流动方向垂直于物料表面时，干燥速率最大。

干燥设备的结构　设备的结构对上述因素都有不同程度的影响，许多新型干燥设备就是针对某些因素而设计的，在选用时要特别注意。

第二节 干燥设备

在制药生产中，由于被干燥物料的形状（如块状、片状、粒状、粉状、膏状等）、性质（如耐热性、含水量、黏性等）和结构（如多孔疏松型、紧密型）都各不相同，生产规模差别较大，对干燥后的产品要求（如含水量、形状、强度、粒度等）也不尽相同，故所采用的干燥方法和干燥器的型式也是多种多样的。本节介绍几种制药生产中常用的干燥器。

一、厢式干燥器

厢式干燥器主要由一个或多个室或格组成，外形像一个箱子。厢式干燥器的基本结构如图 8-5 所示，物料放在浅盘里，置于支架上，空气由风机送入，经预热器加热至所需温度后，吹过物料表面，使物料干燥。部分废气经排出管路排出，余下的可循环使用。

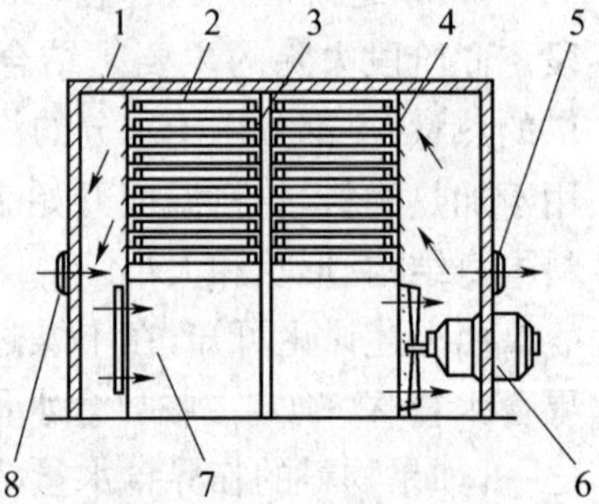

图 8-5 厢式干燥器

1 外壳 2. 物料盘 3. 支架 4. 可调节叶片 5. 空气出口 6. 风机 7. 加热器 8. 空气入口

厢式干燥器的优点是构造简单，设备投资少，适应性强，物料损失小，盘易清洗。因此特别适合于需要经常更换产品、小批量物料及不允许粉碎的脆性物料的干燥。

厢式干燥器的缺点：①物料得不到分散，干燥时间长；②若物料量大，所需的设备容积也大；③操作人员劳动强度大，如需要定时将物料装卸或翻动时，粉尘飞扬，环境污染严重；④热利用率低。此外，产品质量不均匀。尽管如此，长期以来厢式干燥器仍然是实验室和中小型企业生产中主要使用的干燥设备。

厢式干燥器是一种比较古老的干燥器，外壁是绝热层，内部结构则种类繁多。可根据物料的性质、状态和生产能力的大小选用适当的结构。

对于干燥少量的物料或不允许有结晶受到破坏以及贵重的物料，一般采用内部结构为支架的厢式干燥器；对于生产能力不大、物料是热敏性的或易氧化的，可采用具有密封外壳、在真空条件下操作的厢式干燥器（此类干燥器又称真空厢式干燥器）；对于批量大、具有一定形状物料的干燥，则可把厢式干燥器的外壳设计成狭长的洞道，洞内铺设铁轨，此类干燥器又称为洞道式干燥器。

二、双锥回转真空干燥器

图 8-6 和图 8-7 分别为双锥回转真空干燥器的外观图和流程图。双锥回转真空干燥器外形呈橄榄状，两端有盖，外有加热夹套，器身两侧分别连接空心转轴，一侧的空心轴内通入蒸汽并排出冷凝水，另一侧的空心轴连接真空系统。

图 8-6 双锥回转真空干燥器外观图

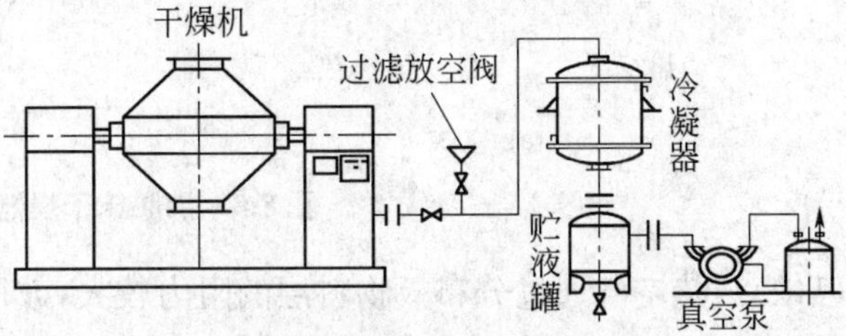

图 8-7 双锥回转真空干燥流程

干燥时，向密闭的夹层中通热水(或蒸汽、导热油)加热，热量经内壳传给被干燥物料，在动力驱动下，器身低速回转，物料在器内不断上下翻动，湿物料内部的水分(溶剂)不断地向表面渗透、蒸发，并通过真空管路及时排出，物料在很短时间内达到干燥目的。

双锥回转真空干燥器的优点：①物料在干燥时不断翻滚，物料受热面不断更换、干燥速率高，干燥均匀，质量好；②在整个干燥过程中，干燥器处于密封状态，干燥物料不易污染，可以达到无菌要求；③设备内部结构简单，无死角、易操作、易清洗。

双锥回转真空干燥器的缺点：①间歇操作，需要人工装料和卸料；②干燥时间长，生产能力小，如用于青霉素干燥时，干燥时间需要 2～4 h。

双锥回转真空干燥器适合于热敏性、易氧化、结晶体不允许破坏的物料，回收溶剂的物料及强烈刺激有毒的物料的干燥。

三、沸腾床干燥器

沸腾床干燥器又称为流化床干燥器，是流态化技术在干燥作业上的应用。结构原理如图 8-8 所示，湿物料由床层的一侧加入，由另一侧导出。热风从底部吹入，并穿过多孔分布板与一定厚度的物料接触，物料呈流化、沸腾状态，在气流中上下翻动、互相混合与碰撞。夹带有一部分粉尘的废气由顶部导出，经旋风器回收粉尘后排出。

沸腾床干燥器的优点：设备结构简单，生产能力大，热效率高，操作控制容易。

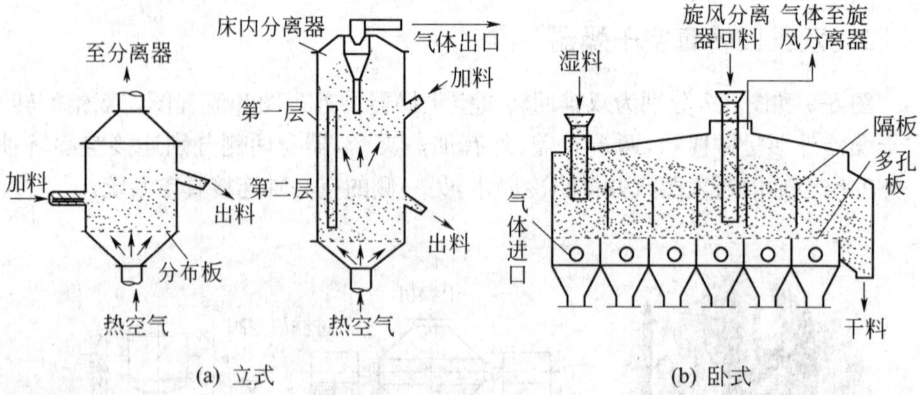

图 8-8 沸腾床干燥器

其缺点:热空气通过分布板物料层的阻力较大;鼓风机的能量消耗大;因物料颗粒的运动是随机的,会引起物料的返混,会出现干燥不均现象(即有的过度干燥,有的未充分干燥)。

沸腾床干燥器分单层、多层、卧式、喷雾等,可处理晶体料、颗粒状及片状物料。为了改善物料在沸腾床中干燥的均匀性,近年来多室型有取代多层型的趋势。

四、喷雾式干燥器

图 8-9 为一个典型的喷雾干燥系统流程图。空气经初滤、加热后从干燥器顶部由空气分配器产生均匀旋转的气流进入干燥室内。物料经过滤后通过雾化器,产生分散、微细的雾滴。雾滴与旋流的热空气接触,水分迅速汽化,产品大部分落入干燥器底部被收集到贮粉器,少部分随废气进入旋风分离器和袋式除尘器而被回收,废气经风机引出。

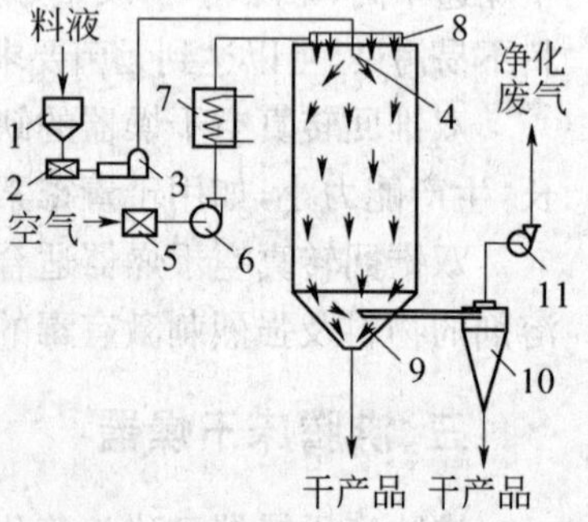

图 8-9 喷雾干燥系统流程图

1. 料液贮槽 2. 过滤器 3. 料液泵 4. 雾化器 5. 空气过滤器 6. 风机 7. 空气预热器 8. 空气分配器 9. 干燥室 10. 旋风分离器 11. 风机

喷雾干燥过程分为三个阶段:第一阶段,料液雾化为雾滴;第二阶段,雾滴和干燥介质接触、混合及流动,即进行干燥;第三阶段,干燥产品与空气分离。

喷雾干燥器中关键部件是将浓缩液喷成雾滴的喷嘴,也称雾化器。常用的雾化器有离心式、气流式和压力式。如图 8-10 所示。

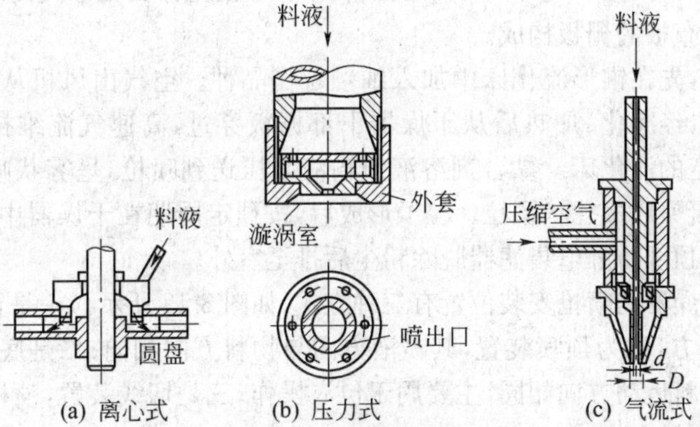

图 8-10　常用雾化器

(1)离心式雾化器有一个空心圆盘,圆盘的四周开很多小孔,液体通过转轴的边沿进入圆盘,圆盘高速旋转,液体通过小孔高速喷向四周。从小孔出来的液体,速度突然减慢,断裂成很多细小的液滴,呈雾状喷洒下来。由于料液径向喷出,干燥器直径相应较大。这种雾化器适用于处理固体含量较多的物料。

(2)气流式雾化器是利用压缩空气高速将液体经喷嘴内部的通道喷出,使料液在喷嘴出口处产生液膜并分裂成雾滴。这种雾化器消耗动力较大,一般应用于喷液量较小的生产。

(3)压力式雾化器是利用高压泵将料液加压送入雾化器,沿切线进入旋转室,料液的静压能转变为动能而高速旋转,自喷嘴喷出时形成锥状喷雾。这种雾化器生产能力大,耗能低,但需要使用高压泵。与其他类型的雾化器相比,压力式雾化器应用最为广泛,但黏度太大的料液不能雾化。

喷雾干燥器的优点:①干燥过程极快,适宜于处理热敏性物料;②处理物料种类广泛,如溶液、悬浮液、浆状物料等皆可;③喷雾干燥可直接由液态加工为固体成品,因而可省去蒸发、结晶、过滤、粉碎等工序;④能得到速溶的粉末或空心细颗粒;⑤过程易于连续化、自动化。

喷雾干燥器的缺点:①热效率低;②设备占地面积大、设备成本费高;③对于细粉产品,需要选择高效分离装置分离,故设备费用较高;④干燥室内壁易于黏附产品微粒,设备腔体体积大,设备的清洗工作量大。

五、沸腾制粒干燥器

沸腾制粒干燥器是将流态化技术、雾化技术和干燥技术三者有机结合的新型干燥器，其结构如图 8-11 所示。沸腾制粒干燥器的主体由锥形圆筒的床身和一块称为热风分布板的栅板构成。

干燥前，先在锥形流化床中加入细颗粒作晶种。空气由风机从过滤器、加热器入口吸入，经净化、加热后从干燥器下部栅板穿过，高速气流维持粉末物料悬浮，形成稳定的流化床。黏合剂溶液经输液泵压送到喷枪，呈雾状喷射到干燥室中，使粉末凝聚成多孔状颗粒。粒子形成后，按预定周期在干燥器中干燥，含湿空气经干燥器顶部防静电袋滤器脱除粉尘后排至室外。

这类干燥器的喷枪安装位置有三种方式，如图 8-12 所示。一是置于物料运动的最高点上方，称为顶喷装置，其喷液方向与物料方向相向；二是底侧喷装置，喷液方向与物料运动方向相同，主要用于包衣操作；三是切线装置，喷枪装在容器的壁上，适宜制微丸。

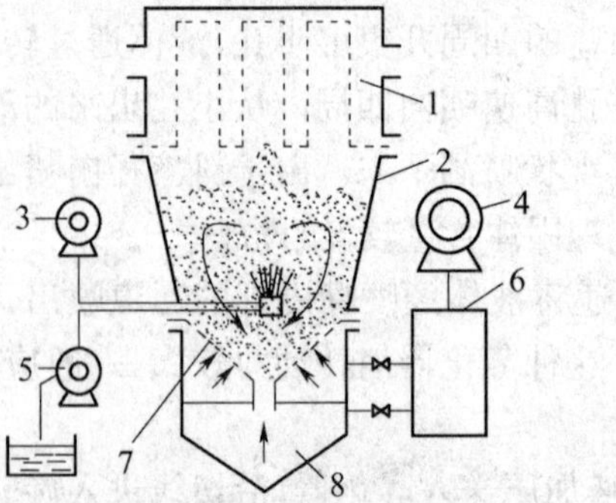

图 8-11　沸腾制粒干燥器

1. 袋滤器　2. 流化室　3. 空压机
4. 鼓风机　5. 供液泵　6. 空气预热器
7. 气体分布板　8. 二次喷射气流入口

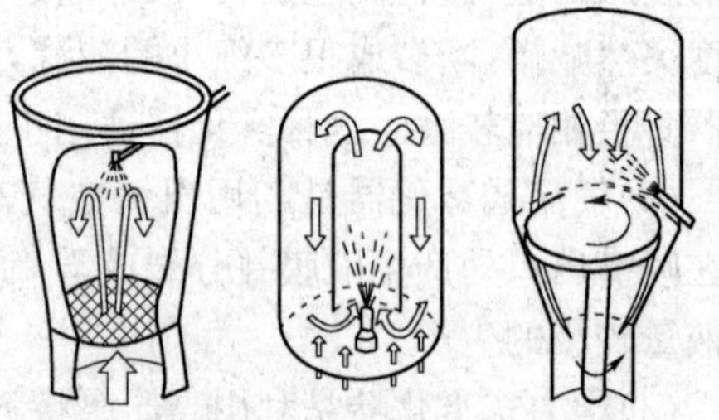

(a) 顶喷　(b) 底喷　(c) 侧喷

图8-12　喷枪位置与固体粒子的相对运动

沸腾制粒干燥器的特点：①粉末制粒后，改善了流动性，减少了粉尘的飞扬，同时获得了溶解性良好的产品；②由于混合、制粒、干燥过程一次完成，热效率高；③产品的粒度能自由调节；④设备无死角，卸料快速、安全、清洗方便。

六、气流干燥器

气流干燥的基本流程如图 8-13 所示，气流干燥器的主要部件是直立圆筒形的干燥管，其长度一般为 10～20 m。热空气从干燥管底部进入，将加料器连续送入的湿物料吹散，并在干燥管内形成了一个气、固间进行传热传质的气力输送床。干燥后的物料随气流进入旋风分离器和袋滤器进行气固分离，产品被截留收集，废气排出至室外。

气流干燥器的优点：①气、固间传递表面积很大，传热系数很高，干燥速率大；②接触时间短，热效率高，气、固并流操作，可以采用高温介质，对热敏性物料的干燥尤为适宜；③由于干燥伴随着气力输送，减少了产品的输送装置；④气流干燥器的结构相对简单，占地面积小，运动部件少，易于维修，成本费用低。

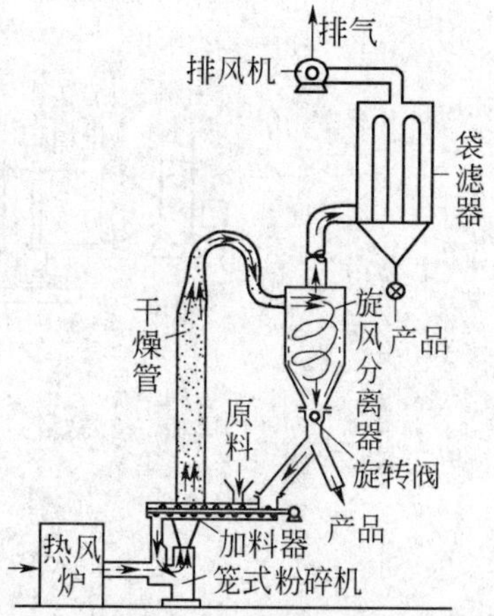

图 8-13　气流干燥器

气流干燥器的缺点：①必须有高效能的粉尘收集装置，否则尾气携带的粉尘将造成很大的浪费，也会对环境造成污染；②对有毒物质不易采用这种干燥方法，如果必须使用时，可利用过热蒸汽作为干燥介质；③对结块、不易分散的物料，需要性能好的加料装置，有时还需附加粉碎过程。④气流干燥系统的流动阻力较大，必须选用高压或中压通风机，动力消耗较大。

气流干燥器适宜于处理含非结合水及结块不严重又不怕磨损的粒状物料，尤其适宜于干燥热敏性物料或临界含水量低的细颗粒或粉末物料。对黏性和膏状物料，采用干料返混方法和适宜的加料装置，如螺旋加料器等，也可正常操作。

气流干燥器的干燥管较高，给安装和维修带来了不便。为了降低其高度，强化传热，我国近年来研究不少新型高效的气流干燥设备。如体积小、干燥速度快的旋风气流干燥器；充分利用颗粒的不等速以强化干燥过程的脉冲气流干燥器；能够干燥膏状物料的气流沸腾干燥器；能够干燥易氧化物料（如对氨基酚）的短管气流干燥器；能干燥浆状物料的喷雾气流干燥器。上述新型气流干燥器中，以前三种应用较广。

七、转筒干燥器

转筒干燥器又称回转式干燥器，是最古老的干燥设备之一，其结构如图 8-14 所示。转筒干燥器的主体是略带倾斜并能回转的筒体。操作时，湿物料从转筒较高的一端加入，热空气由较低端进入，在干燥器内与物料进行逆流接触。转筒内壁装有若干块抄板，其作用是将物料抄起后再洒下，以增大干燥表面积，使干燥速率提高，同时还促使物料向前运行。抄板的型式很多，常用的有直立抄板、45°抄板和 90°抄板，如图 8-15 所示。

转筒干燥器的优点：生产能力大，操作稳定可靠，对不同物料的适应性强，操

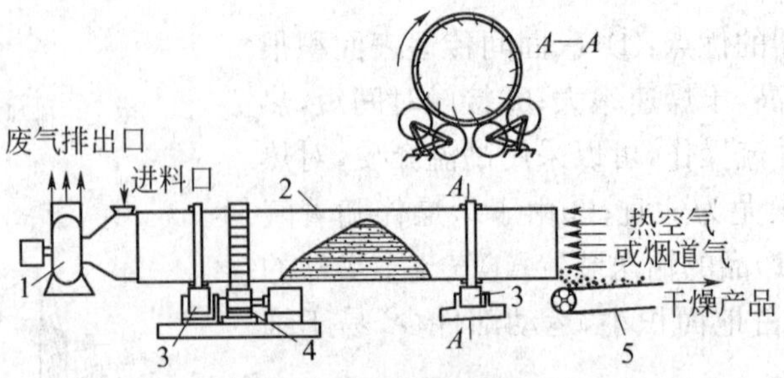

图 8-14　转筒干燥器

1. 风机　2. 转筒　3. 支撑装置　4. 驱动齿轮　5. 带式输送机

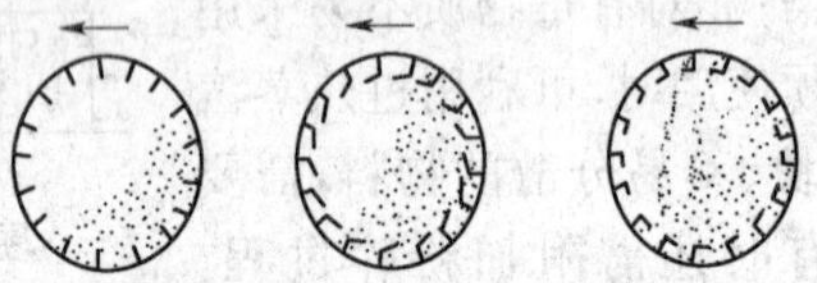

(a) 直立抄板　(b) 45° 抄板　(c) 90° 抄板

图 8-15　常用的抄板形式

作弹性大，机械化程度较高。

转筒干燥器的缺点：①设备笨重，一次性投资大；②结构复杂，传动部分需经常维修；③安装、拆卸困难；④物料在干燥器内停留时间长，且物料颗粒之间的停留时间差异较大，故不适合于对温度有严格要求的物料。

转筒干燥器主要用于处理散粒状物料，但如返混适当数量的干料亦可处理含水量很高的物料或膏糊状物料，也可以在用干料做底料的情况下干燥液态物料，即将液料喷洒在抛洒起来的干料上面。

八、真空冷冻干燥器

冷冻干燥又称为升华干燥，是将待干燥的湿物料在较低温度下（−50～−10℃）冻结成固态后，在高真空度（0.133～133 Pa）的环境下，将已冻结了的物料中的水分，不经过冰的融化而直接从固态升华为气态，从而达到干燥的目的。图8-16所示的是典型的冷冻干燥过程。由图可

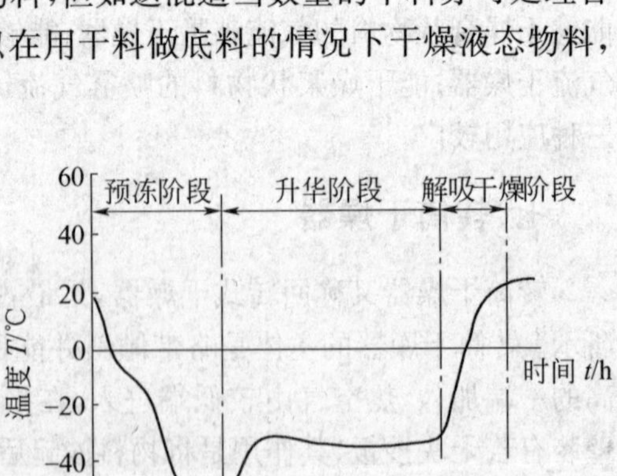

图 8-16　冷冻干燥过程

知，冷冻干燥的一般过程分为三个阶段：预冻阶段、升华阶段和解吸干燥阶段（或减速干燥阶段）。

真空冷冻干燥器简称冻干机，按搁板面积可分为小型实验冻干机、中型生产冻干机、大型工业生产冻干机。原料药和制剂药品的干燥应用冻干机的都很多。

图 8-17 为医药用冻干机典型结构。整个系统包括冻干室、加热系统、冷冻机组、冷凝器和真空泵组。冻干室内有料盘，料盘里有冷却管和加热管分别通向冷冻机组和加热系统。放在料盘上的料瓶瓶口敞开，内装溶有药物的浓缩液。冷冻室经过冷凝器通向真空泵组。干燥时，开启冷冻机组进行预冻，料瓶内的液体被冷冻为固体。启动真空泵组抽真空，料瓶内的固体（冰）开始升华，升华的蒸汽被真空泵抽到冷凝器，不能冷凝的气体进入真空泵。当升华结束时，将料盘温度适当提高，将物料含有的残余水分除去。当料盘温度与料瓶内物料温度逐渐接近，表明干燥结束。

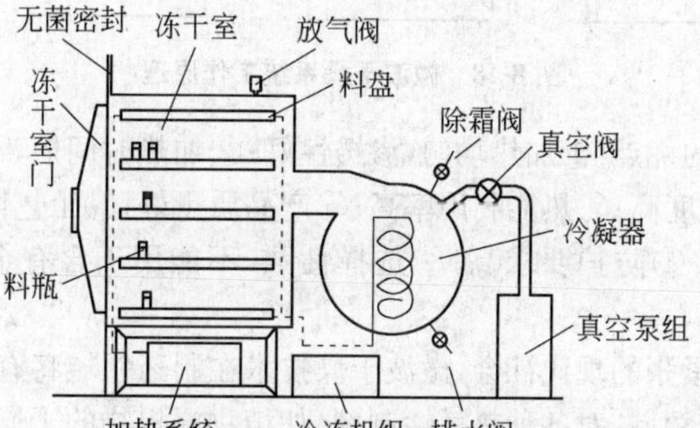

图 8-17　医药用冻干机结构示意图

冷冻干燥的特点：①冷冻干燥在低温下进行，因此对于许多热敏性的物质特别适用；②在低温下干燥时，物质中的一些挥发性成分损失很小；③由于在冻结的状态下进行干燥，体积几乎不变，保持了原来的结构，不会发生浓缩现象；④干燥后的物质疏松多孔，呈海绵状，加水后溶解迅速而完全，几乎立即恢复原来的性状；⑤干燥在真空下进行，氧气极少，因此一些易氧化的物质得到了保护；⑥干燥能排除 95%～99%的水分，使干燥后产品能长期保存而不致变质；⑦因操作是在高真空和低温下进行，需要有一整套高真空获得设备和制冷设备，故投资和操作费用都很大，因而产品成本高。

九、微波干燥器

微波干燥器是利用微波加热原理进行干燥的一种设备。一般几个微波发生器串联使用。系统工作原理如图 8-18 所示，直流电源通过微波管产生微波能（频率 2 450 MHz），由直接波导管输送到物料面上。在工业微波炉中装有搅拌器，起着干扰微波，达到均匀传热的作用。在烘道式微波干燥设备中，湿物料由传送带送入，在微波热效应作用下水分不断蒸发，并由风机排出。

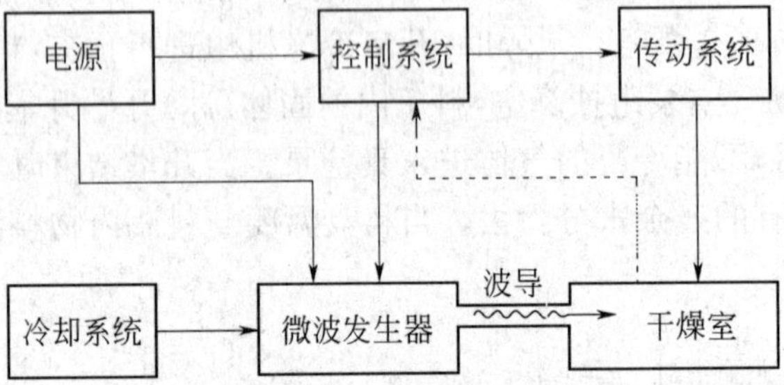

图 8-18 微波干燥系统工作原理

微波干燥器的优点：①加热均匀，渗透性好；②加热时间短，干燥速度快；③占地面积小，生产强度高；④热能利用率高；⑤产品质量好；⑥工艺简单，较易实现自动控制。其缺点：①防护要求高；②选择性强，不能用于含有金属离子的物质；③制造成本高。

在能源日趋紧张的现代社会，微波干燥技术在制药领域将有广泛的的应用前景，如在中药生产领域，对各种热敏性制剂（如植物浸提物的干燥），对各种名贵中药原材料的干燥，对各种成品药及粉末、结晶物料的干燥等；在西药生产领域，对各种热敏性成品及中间体的干燥、剩余溶剂的脱除等。

十、干燥器的选用

干燥是制药生产中非常重要的一个环节，因为药物种类众多、物性各异，可供选择的干燥器型式和干燥操作的组合也是多种多样，所以干燥器选用涉及物料的热敏性、产品品质的要求、干燥速率、干燥器的热效率、干燥系统的流体阻力、操作控制条件、附属设备、尾气粉尘处理、节能、劳动条件等。

选择干燥器时，首先应根据湿物料的形态、处理量的大小及处理方式初选出几种可用的干燥器类型。然后根据物料的干燥特性，估算出设备的体积、干燥时间等，从而对设备购置费用及操作费用进行经济核算、比较，再结合选址条件、热源等，确定适宜的干燥器。

从操作方式的角度，间歇操作的干燥器适用于小批量、多品种、干燥体积变化大、干燥时间长的物料的干燥，而连续操作的干燥器可缩短干燥时间，提高产品质量，适用于品种单一、大批量的物料的干燥。

从物料的角度，对于热敏性、易氧化及含水量要求较低的物料，宜选用真空干燥器；对于生物制品等冻结物料，宜选用冷冻干燥器；对于溶液或悬浮液状物料，宜选用喷雾干燥器；对于形状有要求的物料，宜选用厢式、隧道式或微波干燥器；对于糊状物料，宜选用厢式干燥器、气流干燥器和沸腾床干燥器；对于颗粒状或块状物料，宜选用气流干燥器、沸腾床干燥器。

【技能训练】

喷雾干燥设备操作训练

★训练目标

(1)熟悉喷雾干燥设备的结构及特点。

(2)掌握喷雾干燥器的操作及常见故障处理方法。

★训练准备

(1)了解对流干燥的原理。

(2)了解喷雾干燥设备的结构及特点。

(3)喷雾干燥生产工艺流程如图 8-19 所示。

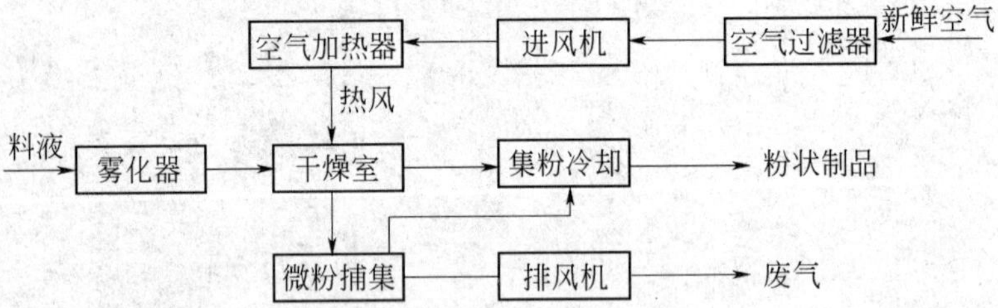

图 8-19 喷雾干燥生产工艺流程

★操作要领

(1)开车前要注意检查主体设备及辅助设备的状态。

(2)将待干燥料液的温度维持在规定温度范围内。

(3)打开进风机、空气加热器、排风机,将喷雾干燥器预热至规定温度范围内。

(4)进料后,注意观察塔内喷料情况,调整进料量和风温,确保雾化颗粒大小合格。

(5)当料液即将喷完需要停车时,关闭旋风分离器下端的蝶阀,在料液罐内加入纯化水通入喷雾头内,初步对雾化器和进料管道清洗,这时水流量应调小,保持出口温度不变,运行 10 min 左右。

(6)打开干燥门,清扫干燥室壁上部和底部积粉。

(7)若设备在运行时发生意外,必须立即停车,应首先停止供料,然后关掉加热器、喷雾头,最后关离心风机。

★思考与分析

(1)造成喷雾干燥器的喷嘴堵塞的原因是什么,应如何解决?

(2)如何判断喷雾过程中物料粘壁,如何处理?

★拓展训练

冷冻干燥机操作。

第九章 结晶设备

知识目标

- 理解结晶过程原理及影响结晶的因素。
- 熟悉结晶设备的基本结构及工作原理。
- 掌握工业结晶过程的控制方法。

能力目标

- 能够正确操作结晶设备，控制结晶速度及结晶效果。

固体物质以晶体状态从溶液、熔融混合物或蒸汽中析出的过程称为结晶，它决定了晶体的纯度和性质。在制药生产中，药物晶体的性质与药物的生物利用度、稳定性、释放性能、压缩性能等都密切相关，表 9-1 列举了结晶过程的固态性质与药物特性的关系。

表 9-1 结晶过程的固态性质与药物特性的关系

固态性质	对药物的影响
结晶度（不定型或半结晶形态的存在）	物理化学稳定性
多晶型、溶剂化（水化）	吸水性、溶解度曲线和溶解速率
颗粒尺寸分布	堆密度、凝聚作用、流动性、致密度颗粒渗透性（如颗粒吸附性）
颗粒形态	生物可用性（药物吸附性）
颗粒表面结构	药剂的稳定性和均匀性
有机和无机杂质、残余溶剂和分解产物	毒性
手性分离位阻（微生物限制）	物理化学和异构稳定性
脆度和延展性临界点、断裂压力、压痕硬度	研磨和压片性能

结晶过程可分为溶液结晶、熔融结晶、升华结晶及沉淀结晶四大类，其中溶液结晶是制药工业中最常用的结晶方法，本章将重点讨论这种结晶过程及其装备。

第一节 结晶过程原理

结晶和沉淀在本质上是一致的,都是新相形成的过程。由于结晶是同类分子或离子有规律的排列,故结晶过程具有高度的选择性,析出的晶体纯度比较高,同时所采用的设备结构简单,操作方便,故结晶是从不纯混合物或不纯溶液中制取纯品的一个最适合的单元操作。

一、结晶过程

晶体是一种其内部结构中的原子、离子或分子作三维有序排列的固态物质。晶体与溶液构成的混合物称为晶浆,晶浆是悬浮液,去除晶体后所剩余的溶液称为母液。

结晶理论认为晶体从溶液中结晶出来要经历两个阶段:①成核阶段,即生成微小的晶粒作为结晶的核心,这些核心称为晶核;②晶体的生长阶段,即晶核长大成为晶体。无论是成核阶段还是晶体的生长阶段,都必须以浓度差即溶液的过饱和度为推动力,其大小直接影响成核和晶体生长过程的快慢。这两个过程的快慢又影响结晶产品的粒度及粒度分布。

结晶的生成量取决于固体与其溶液间的平衡关系。在一定温度下,任何一种物质溶解在某一定量的溶剂中达饱和时,称为该物质在此温度下的溶解度,也称饱和浓度。该状态下的溶液称为饱和溶液;当溶质含量小于溶解度时,该溶液称为不饱和溶液;当溶质含量超过溶解度时,该溶液称为过饱和溶液,此时溶液处于过饱和状态。

如图 9-1 所示,饱和浓度曲线和过饱和浓度曲线将浓度—温度图分为三个区域:饱和曲线以下的区域是稳定区,因溶液未达到饱和,故溶液不可能结晶;过饱和曲线以上的区域是不稳定区,溶液能自发地产生晶核;而介于饱和浓度曲线与过饱和浓度曲线之间的区域为介稳区,溶液虽处于过饱和状态,但不会自发地产生晶核。因为介稳区溶液的稳定性并不相同,晶体生长过程和新晶核的形成过程同时存在,所以习惯上将介稳区又细分为两部分:在上半区域,溶液极易

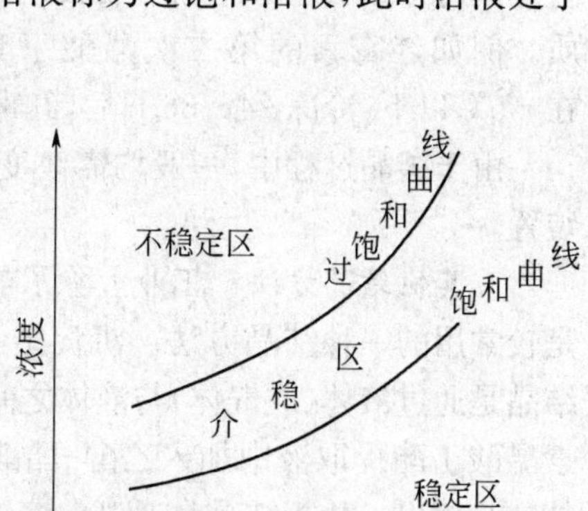

图 9-1 溶液浓度-温度曲线

受刺激而结晶析出，称为刺激结晶区；在下半区域，如果向溶液中加入晶种，所加晶种就会长大，但不会产生新晶核，称为养晶区。

饱和曲线与不饱和曲线不同，一个特定物系只有一条明确的饱和曲线，但过饱和曲线的位置却要受到许多因素的影响，例如有无搅拌、搅拌强度的大小、有无晶种、晶种的大小与多少，冷却速率快慢，等等。因此，一个特定物系过饱和曲线是不固定的，它应该是一簇曲线。

过饱和度与介稳定的概念对工业结晶操作具有重要的意义。例如在结晶过程中，若将溶液的状态控制在介稳定区且维持在较低的过饱和度内，则在较长时间内主要是加入晶种的长大，新产生的晶核较少，因而可获得颗粒大而整齐的结晶产品；若将溶液状态控制在不稳定区且维持在较高的过饱和度内，则会有大量的晶核产生，所获得的产品粒度较小。

二、工业结晶方法

溶液结晶是指晶体从溶液中析出的过程。按照结晶过程中过饱和度形成的方式，可将溶液结晶分为两大类：移除部分溶剂的结晶和不移除溶剂的结晶。

1.移除部分溶剂的结晶　在这类方法中，主要是使溶液在常压或减压下蒸发，部分溶剂汽化，溶液浓缩，以获得过饱和溶液。这种方法也称蒸发结晶，主要适用于溶解度随温度改变而变化不大的物质的结晶。例如从制霉菌素乙醇提取液中蒸出乙醇，以获得抗生素结晶。

2.不移除溶剂的结晶　在这类方法中，主要是使溶液冷却降温而得到过饱和溶液。这种方法也称冷冻结晶法，主要适用于溶解度随温度降低而显著降低的物质。例如红霉素的第二次醋酸丁酯提取液，在趁热过滤并加入 10%丙酮后，在－5℃以下，冷冻 24～36 h 后，红霉素结晶析出。

由于结晶过程中，一般均需改变溶液的温度，结晶设备均附有热交换及搅拌装置。

3.其他结晶方法　工业上除了前面讨论的溶液结晶方法之外，沉淀结晶法也是较常用的一种结晶方法。沉淀结晶包括反应结晶和盐析结晶两个过程。反应结晶是通过液体（或气体）与液体之间的化学反应，以产生固体沉淀。例如向青霉素醋酸丁酯提取液中加入乙醇-醋酸钾溶液，即生成难溶于醋酸丁酯的青霉素钾盐结晶析出。盐析结晶是通过向溶液中加入某种物质，以降低溶质在原溶剂中的溶解度。如硫酸卡纳霉素易溶于水，但难溶于乙醇，向硫酸卡纳霉素水溶液中加入一定量的乙醇，就可使其达至过饱和从而析出结晶。

以上方法并不是绝对的，在实际生产中，常将几种方法合并使用。例如普鲁卡因青霉素结晶是冷却和反应两种方法的结合;又如维生素 B_{12} 结晶是冷却和盐析两种方法的结合。

三、影响结晶的因素

在药物结晶操作过程中,不仅要获得尽量多的晶体,而且对晶形、晶粒大小都有要求,以符合药典对药品的外观和内在质量的要求。由结晶过程可知,溶液的过饱和度与纯度、结晶温度与时间、搅拌及晶种的加入等因素对晶体质量有很大的影响。

1. *过饱和度* 在工业生产实际中,过饱和度增加能使成核速度和晶体生长速度都加快,但对前者的影响较大,因此过饱和度增加,得到的晶体较细小。过饱和度增大,还将使溶液黏度增大,导致杂质含量增大,产品纯度降低;结晶器壁易产生晶垢,给结晶操作带来困难。

2. *溶液纯度* 结晶溶液中的杂质主要影响晶体生长。杂质对晶体生长影响有多种情况,有的杂质能完全制止晶体的生长;有的能促进晶体生长;有的能影响晶体的外形。有的杂质能在极低的浓度下产生影响,有的则在相当高的浓度下才能产生作用。例如在普鲁卡因青霉素结晶中,起消沫作用的丁醇会影响晶形,醋酸丁酯的存在会使晶体变得细长。

3. *结晶温度* 许多物质在不同的温度下结晶,其生成的晶型和晶体的大小都会发生变化。例如红霉素乳酸盐在丙酮中转碱,加水结晶的工艺中,在 20℃结晶得到的是针状晶体,在 55℃结晶时得到的是片状晶体。另外,生物大分子的结晶要求在较低的温度下进行,以保证生物物质的活性。但温度较低时,溶液的黏度增大,结晶速度变慢,得到的晶体较细小,因此应控制适宜的结晶温度。

4. *结晶时间* 结晶时间包括过饱和溶液的形成时间、晶核的形成时间和晶体的生长时间。结晶时间的延长有利于晶体的生长,在生产上应根据对晶体粒度的要求,选择适当的结晶时间。

5. *搅拌影响* 工业结晶一般都进行搅拌。搅拌能促使成核和加快扩散,提高晶核长大速度。但当搅拌强度达到一定程度后,再加快搅拌反而会使晶体打碎。实践表明,搅拌越快,晶体越细。例如普鲁卡因青霉素结晶采用的搅拌转速为 1 000 r/min,而制备晶种时,则采用 3 000 r/min 的转速。

6. *加入晶种* 向过饱和溶液中加入少量小颗粒的溶质晶体称为加晶种。对于不易结晶的物质,常采用加入晶种的方法。加入晶种能控制晶体的形状、大小和均匀度,但加入晶种首先要具有一定的形状、大小而且比较均匀。例如普鲁卡因青霉素要求晶粒在 5 μm,结晶时加入一定量 2 μm 的椭圆形晶种,晶体围绕这些晶种生长，结晶完成时，晶体粒度恰好在 5 μm 左右。

第二节 结 晶 设 备

在工业生产中，由于被结晶溶液的性质各有不同，对结晶产品的粒度、晶形以及生产能力大小的要求也有所不同，使用的结晶设备也多种多样。

结晶设备按改变溶液浓度的方法，可分为移除部分溶剂的结晶器和不移除溶剂的结晶器；按结晶过程操作情况，可分为间歇式结晶设备和连续式结晶设备；按流动方式，可分母液循环结晶器和晶浆(即母液和晶体的混合物)循环结晶器。

结晶设备通常都装有搅拌器，搅拌作用会使晶体颗粒保持悬浮和均匀分布于溶液中，同时又能提高溶质的扩散速度，加速晶体生长。

因此，在结晶操作中应根据溶液的性质、杂质的影响和对产品的具体要求等因素来考虑选用结晶设备。

一、冷却结晶器

依靠降低温度产生过饱和度而进行结晶的设备称为冷却结晶器。无搅拌的结晶釜是最简单的冷却结晶器。带搅拌的或外循环釜式结晶器目前应用较广，其冷却可由夹套换热或通过外换热器实现。构造简图如图 9-2 所示，内循环式结晶器由于传热面积的限制，换热量不能太大；外内循环式结晶器通过外部换热器进行传热，由于溶液的强制循环，传热系数大，但需选用合适的循环泵，以避免将悬浮晶体磨碎。这两种结晶器可连续操作，也可间歇操作，且采用不同的搅拌速度可获得不同粒度的产品。

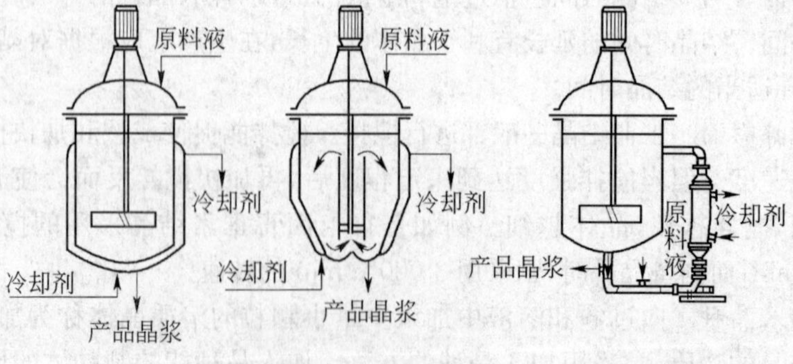

(a) 内循环式　　(b) 外循环式

图 9-2 冷却结晶器

二、蒸发结晶器

将加热到沸点的溶液送入器内进行蒸发，使之浓缩、结晶的设备称为蒸发结晶器。其原理及结构与一般蒸发器并无不同。下面介绍几种这类结晶器。

1. 强制循环蒸发结晶器　属于晶浆循环式连续结晶器，构造简图如图9-3所示，由结晶室、循环管及换热器、循环泵和蒸汽冷凝器组成。

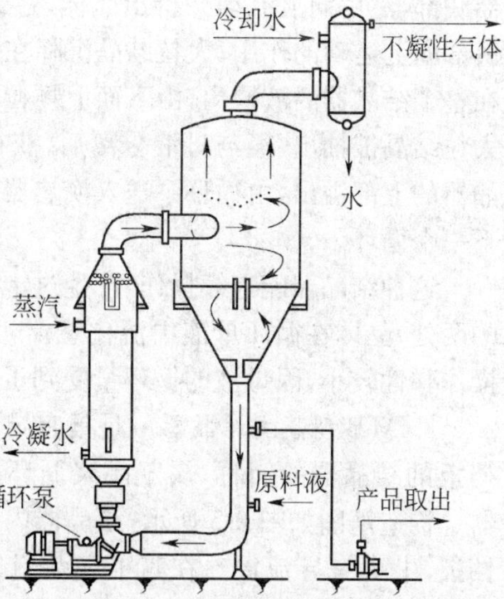

图 9-3　强制循环蒸发结晶器

操作时，料液自循环管下部加入，与离开结晶室底部的晶浆混合后，由泵送往加热室。晶浆在加热室内升温(通常为2～6℃)，但不发生蒸发。热晶浆进入结晶室后沸腾，使溶液达到过饱和状态，于是部分溶质沉积在悬浮晶粒表面上，使晶体长大。作为产品的晶浆从循环管上部排出。

这种结晶器能连续操作，生产能力大，可以通过溶液的循环量和出料速度控制晶粒的大小，但结构复杂，动力消耗大，适合处理量大，对粒度要求高的产品。

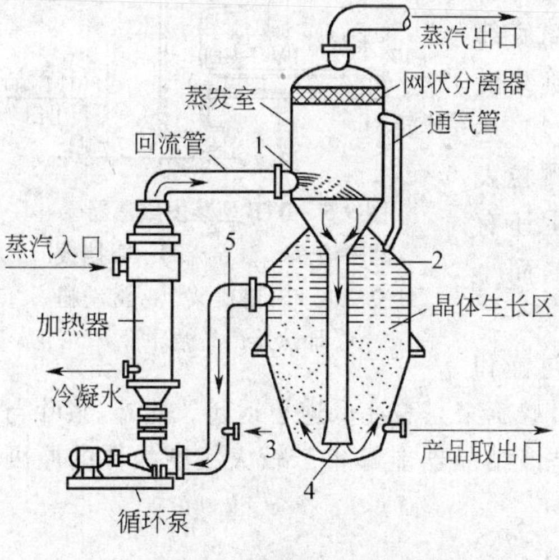

图 9-4　奥斯陆型蒸发结晶器
1. 蒸发器进口　2. 结晶器　3. 进料口
4. 过饱和溶液出口　5. 结晶器循环液入口

2. 奥斯陆型蒸发结晶器　又称克里斯塔尔结晶器，属于母液循环式连续结晶器，目前已有冷却式、蒸发式、真空蒸发式三种类型。构造简图如图 9-4 所示，由蒸发室和结晶室两部分组成，蒸发室在上，结晶室在下，中间由一根中央降液管相连接。结晶室的器身带有一定的锥度，下部截面较小，上部截面较大。

操作时，物料由进料口加入，在循环加热器内被蒸汽加热，经回流管由蒸发器入口进入蒸发器。在蒸发室内，浓缩液达到过饱和。过饱和的溶液沿中心管流入结晶器底部，然后向上流动并析出晶体，过饱和度逐渐减小。由于重力作用和溶液自底部向上运动的作用，大粒结晶沉降在结晶器的底部，细微结晶随溶液向上流动，在整个结晶器的液层内，由下而上颗粒由大到小进行分布。沉降在结晶器底部的大粒结晶被抽出，经与母液分离后，获得结晶产品。而含细微结晶的溶液则由结晶器的上部溢出，由循环泵送入换热器，达到过饱和度后再送入结晶器底部，进入下一个循环。

这种结晶器能连续操作，产生过饱和的区域与晶体生长区分别设置在结晶器的两处，晶体在循环母液中流化悬浮，为晶体生长提供了良好条件。但该结晶器操作弹性较小，因母液的循环量受到了产品颗粒在饱和溶液中沉降速度的限制。

3. DTB型蒸发结晶器　是具有导流筒及挡板的结晶器的简称，属于晶浆循环式结晶器。构造简图如图9-5所示，结晶器内设筒形挡板，中央有导流筒。在其下端装有螺旋桨式搅拌器，悬浮液在螺旋桨的推动下，在导流筒及导流筒与挡板之间的环形通道内循环流动。圆筒形挡板将结晶器分隔为晶体生长区和澄清区，挡板与器壁间的环隙为澄清区。

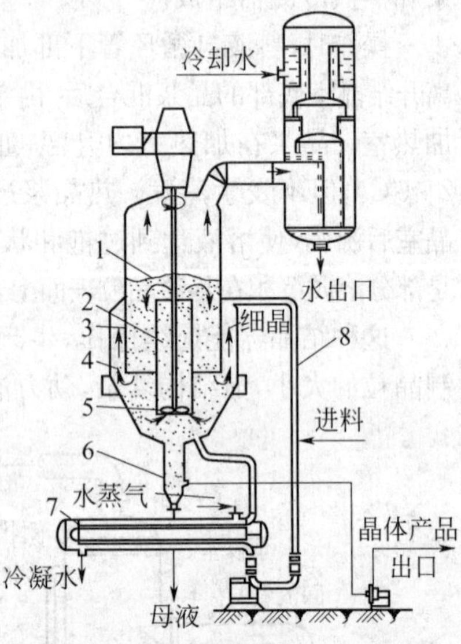

图9-5　DTB型蒸发结晶器

1. 沸腾液面　2. 导流筒　3. 挡板
4. 澄清区　5. 螺旋桨　6. 淘洗腿
7. 加热器　8. 循环管

操作时，热饱和料液连续加到循环管下部，与循环管内夹带有小晶体的母液混合后泵送至加热器。加热后的溶液在导流筒底部附近流入结晶器，并由缓慢转动的螺旋桨沿导流筒送至液面。溶液在液面蒸发冷却，达过饱和状态，其中部分溶质在悬浮的颗粒表面沉积，使晶体长大。在环形挡板外围还有一个沉降区。在沉降区内大颗粒沉降，而小颗粒则随母液进入循环管并受热溶解。

这种结晶器的特点是器内溶液的过饱和度较低，并且循环流动所需的压头很低，螺旋桨只需在低速下运转。此外，桨叶与晶体间的接触成核速率也很低，这也是该结晶器能够生产较大粒度晶体的原因之一。

【技能训练】

葡萄糖结晶操作训练

★训练目标

(1)熟悉蒸发结晶器的结构及特点。

(2)掌握葡萄糖结晶过程的控制方法。

★训练准备

(1)了解结晶过程的原理及影响因素。

(2)了解蒸发结晶器的结构及特点。

(3)了解工业结晶过程的控制方法。

★操作步骤

糖浆浓缩 ⇨ 投种 ⇨ 起晶 ⇨ 整晶 ⇨ 煮糖 ⇨ 放料

★思考与分析

(1)影响结晶产品质量的因素有哪些?

(2)过饱和溶液形成的方法有哪些?

★拓展训练

冷却结晶器操作。

附表 1　水的物理性质

温度 t/℃	饱和蒸汽压 p/kPa	密度 ρ/(kg/m^3)	焓 H/(kJ/kg)	比定压热容 c_p/(kJ/kg·K)	导热系数 λ/(10^{-2} W/m·K)	黏度 μ/ 10^{-5} Pa·s	体积膨胀系数 α/(10^{-4}/K)	表面张力 σ/(10^{-3}N/m)	普兰德数 Pr
0	0.608 2	999.9	0	4.212	55.13	179.21	0.63	75.6	13.66
10	1.226 2	999.7	42.04	4.197	57.45	130.77	0.70	74.1	9.52
20	2.334 6	998.2	83.90	4.183	59.89	100.50	1.82	72.6	7.01
30	4.247 4	995.7	125.69	4.174	61.76	80.07	3.21	71.2	5.42
40	7.376 6	992.2	165.71	4.174	63.38	65.60	3.87	69.6	4.32
50	12.31	988.1	209.30	4.174	64.78	54.94	4.49	67.7	3.54
60	19.932	983.2	251.12	4.178	65.94	46.88	5.11	66.2	2.98
70	31.164	977.8	292.99	4.178	66.76	40.61	5.70	64.3	2.54
80	47.379	971.8	334.94	4.195	67.45	35.65	6.32	62.6	2.22
90	70.136	965.3	376.98	4.208	67.98	31.65	6.95	60.7	1.96
100	101.33	958.4	419.10	4.220	68.04	28.38	7.52	58.8	1.76
110	143.31	951.0	461.34	4.238	68.27	25.89	8.08	56.9	1.61
120	198.64	943.1	503.67	4.250	68.50	23.73	8.64	54.8	1.47
130	270.25	934.8	546.38	4.266	68.50	21.77	9.17	52.8	1.36
140	361.47	926.1	589.08	4.287	68.27	20.10	9.72	50.7	1.26
150	476.24	917.0	632.20	4.312	68.38	18.63	10.3	48.6	1.18
160	618.28	907.4	675.33	4.346	68.27	17.36	10.7	46.6	1.11
170	792.59	897.3	719.29	4.379	67.92	16.28	11.3	45.3	1.05
180	1 003.5	886.9	763.25	4.417	67.45	15.30	11.9	42.3	1.00

续附表 1

温度 t/℃	饱和蒸汽压 p/kPa	密度 ρ/(kg/m^3)	焓 H/(kJ/kg)	比定压热容 c_p/(kJ/kg·K)	导热系数 λ/(10^{-2} W/m·K)	黏度 μ/10^{-5}Pa·s	体积膨胀系数 α/(10^{-4}/K)	表面张力 σ/(10^{-3}N/m)	普兰德数 Pr
190	1 255.6	876.0	807.63	4.460	66.99	14.42	12.6	40.8	0.96
200	1 554.77	863.0	852.43	4.505	66.29	13.63	13.3	38.4	0.93
210	1 917.72	852.8	897.65	4.555	65.48	13.04	14.1	36.1	0.91
220	2 320.88	840.3	943.70	4.614	64.55	12.46	14.8	33.8	0.89
230	2 798.59	827.3	990.18	4.681	63.73	11.97	15.9	31.6	0.88
240	3 347.91	813.6	1 037.49	4.756	62.80	11.47	16.8	29.1	0.87
250	3 977.67	799.0	1 085.64	4.844	61.76	10.98	18.1	26.7	0.86
260	4 693.75	784.0	1 135.04	4.949	60.84	10.59	19.7	24.2	0.87
270	5 503.99	767.9	1 185.28	5.070	59.96	10.20	21.6	21.9	0.88
280	6 417.24	750.7	1 236.28	5.229	57.45	9.81	23.7	19.5	0.89
290	7 443.29	732.3	1 289.95	5.485	55.82	9.42	26.2	17.2	0.93
300	8 592.94	712.5	1 344.80	5.736	53.96	9.12	29.2	14.7	0.97
310	9 877.96	691.1	1 402.16	6.071	52.34	8.83	32.9	12.3	1.02
320	11 300.3	667.1	1 462.03	6.573	50.59	8.53	38.2	10.0	1.11
330	12 879.6	640.2	1 526.19	7.243	48.73	8.14	43.3	7.82	1.22
340	14 615.9	610.1	1 594.75	8.164	45.71	7.75	53.4	5.78	1.38
350	16 538.5	574.4	1 671.37	9.504	43.03	7.26	66.8	3.89	1.60
360	18 667.1	528.0	1 761.39	13.984	39.54	6.67	109	2.06	2.36
370	21 040.9	450.5	1 892.43	40.319	33.73	5.69	264	0.48	6.80

附表 2 饱和水蒸气压(以温度为准)

温度 t/℃	绝对压强 p/kPa	水蒸气的密度 ρ/(kg/m^3)	焓 H/(kJ·kg) 液体	焓 H/(kJ·kg) 水蒸气	汽化热 r/(kJ/kg)
0	0.608 2	0.004 84	0	2 491.1	249 1.1
5	0.873 0	0.006 80	20.94	2 500.8	2 479.86
10	1.226 2	0.009 40	41.87	2 510.4	2 468.53
15	1.706 8	0.012 83	62.80	2 520.5	2 457.7
20	2.334 6	0.017 19	83.74	2 530.1	2 446.3
25	3.168 4	0.023 04	104.67	2 539.7	2 435.0
30	4.247 4	0.030 36	125.60	2 549.3	2 423.7
35	5.620 7	0.039 60	146.54	2 559.0	2 412.1
40	7.376 6	0.051 14	167.47	2 568.6	2 401.1
45	9.583 7	0.065 43	188.41	2 577.8	2 389.4
50	12.340	0.083 0	209.34	2 587.4	2 378.1
55	15.743	0.104 3	230.27	2 596.7	2 366.4
60	19.923	0.130 1	251.21	2 606.3	2 355.1
65	25.014	0.161 1	272.14	2 615.5	2 343.1
70	31.164	0.197 9	293.08	2 624.3	2 331.2
75	38.551	0.241 6	314.01	2 633.5	2 319.5
80	47.379	0.292 9	334.94	2 642.3	2 307.8
85	57.875	0.353 1	355.88	2 651.1	2 295.2
90	70.136	0.422 9	376.81	2 659.9	2 283.1
95	84.556	0.503 9	397.75	2 668.7	2 270.5
100	101.33	0.597 0	418.68	2 677.0	2 258.4
105	120.85	0.703 6	440.03	2 685.0	2 245.4
110	143.31	0.825 4	460.97	2 693.4	2 232.0
115	169.11	0.963 5	482.32	2 701.3	2 219.0
120	198.64	1.119 9	503.67	2 708.9	2 205.2
125	232.19	1.296	525.02	2 716.4	2 191.8
130	270.25	1.494	546.38	2 723.9	2 177.6
135	313.11	1.715	567.73	2 731.0	2 163.3
140	361.47	1.962	589.08	2 737.7	2 148.7

续附表 2

温度 t/℃	绝对压强 p/kPa	水蒸气的密度 ρ/(kg/m³)	焓 H/(kJ/kg)		汽化热 r/(kJ/kg)
			液体	水蒸气	
145	415.72	2.238	610.85	2 744.4	2 134.0
150	476.24	2.543	632.21	2 750.7	2 118.5
160	618.28	3.252	675.75	2 762.9	2 037.1
170	792.59	4.113	719.29	2 773.3	2 054.0
180	1 003.5	5.145	763.25	2 782.5	2 019.3
190	1 255.6	6.378	807.64	2 790.1	1 982.4
200	1 554.77	7.840	852.01	2 795.5	1 943.5
210	1 917.72	9.567	897.23	2 799.3	1 902.5
220	2 320.88	11.60	942.45	2 801.0	1 858.5
230	2 798.59	13.98	988.50	2 800.1	1 811.6
240	3 347.91	16.76	1 034.56	2 796.8	1 761.8
250	3 977.67	20.01	1 081.45	2 790.1	1 708.6
260	4 693.75	23.82	1 128.76	2 780.9	1 651.7
270	5 503.99	28.27	1 176.91	2 768.3	1 591.4
280	6 417.24	33.47	1 225.48	2 752.0	1 526.5
290	7 443.29	39.60	1 274.46	2 732.3	1 457.4
300	8 592.94	46.93	1 325.54	2 708.0	1 382.5
310	9 877.96	55.59	1 378.71	2 680.0	1 301.3
320	11 300.3	65.95	1 436.07	2 648.2	1 212.1
330	12 879.6	78.53	1 446.78	2 610.5	1 116.2
340	14 615.8	93.98	1 562.93	2 568.6	1 005.7
350	16 538.5	113.2	1 636.20	2 516.7	880.5
360	18 667.1	139.6	1 729.15	2 442.6	713.0
370	21 040.9	171.0	1 888.25	2 301.9	411.1
374	22 070.9	322.6	2 098.0	2 098.0	0

附表 3 饱和水蒸气压(以温度为准)

绝对压强 p/kPa	温度 t/℃	水蒸气的密度 ρ/(kg/m³)	焓 H/(kJ/kg)		汽化热 r/(kJ/kg)
			液体	水蒸气	
1.0	6.3	0.007 73	26.48	2 503.1	2 476.8
1.5	12.5	0.011 33	52.26	2 515.3	2 463.0
2.0	17.0	0.014 86	71.21	2 524.2	2 452.9
2.5	20.9	0.018 36	87.45	2 531.8	2 444.3
3.0	23.5	0.021 79	98.38	2 536.8	2 438.1
3.5	26.1	0.025 23	109.30	2 541.8	2 432.5
4.0	28.7	0.028 67	120.23	2 546.8	2 426.6
4.5	30.8	0.032 05	129.00	2 550.9	2 421.9
5.0	32.4	0.035 37	135.69	2 554.0	2 416.3
6.0	35.6	0.042 00	149.06	2 560.1	2 411.0
7.0	38.8	0.048 64	162.44	2 566.3	2 403.8
8.0	41.3	0.055 14	172.73	2 571.0	2 398.2
9.0	43.3	0.061 56	181.16	2 574.8	2 393.6
10.0	45.3	0.067 98	189.59	2 578.5	2 388.9
15.0	53.5	0.099 56	224.03	2 594.0	2 370.0
20.0	60.1	0.130 68	251.51	2 606.4	2 354.9
30.0	66.5	0.190 93	288.77	2 622.4	2 333.7
40.0	75.0	0.249 75	315.93	2 634.1	2 312.2
50.0	81.2	0.307 99	339.80	2 644.3	2 304.5
60.0	85.6	0.365 14	358.21	2 652.1	2 393.9
70.0	89.9	0.422 29	376.61	2 659.8	2 283.2
80.0	93.2	0.478 07	390.08	2 665.3	2 275.3
90.0	96.4	0.533 84	403.49	2 670.8	2 267.4
100.0	99.6	0.589 61	416.90	2 676.3	2 259.5
120.0	104.5	0.698 68	437.51	2 684.3	2 246.8
140.0	109.2	0.807 58	457.67	2 692.1	2 234.4
160.0	113.0	0.829 81	473.88	2 698.1	2 224.2
180.0	116.6	1.020 9	489.32	2 703.7	2 214.3
200.0	120.2	1.127 3	493.71	2 709.2	2 204.6
250.0	127.2	1.390 4	534.39	2 719.7	2 185.4
300.0	133.3	1.650 1	560.38	2 728.5	2 168.1
350.0	138.8	1.907 4	583.76	2 736.1	2 152.3

续附表 3

绝对压强 p/kPa	温度 t/℃	水蒸气的密度 ρ/(kg/m³)	焓 H/(kJ/kg)		汽化热 r/(kJ/kg)
			液体	水蒸气	
400.0	143.4	2.161 8	603.61	2 742.1	2 138.5
450.0	147.7	2.415 2	622.42	2 747.8	2 125.4
500.0	151.7	2.667 3	639.59	2 752.8	2 113.2
600.0	158.7	3.168 6	676.22	2 761.4	2 091.1
700.0	164.0	3.665 7	696.27	2 767.8	2 071.5
800.0	170.4	4.161 4	720.96	2 773.7	2 052.7
900.0	175.1	4.652 5	741.82	2 778.1	2 036.2
1×10^3	179.9	5.1 432	762.68	2 782.5	2 019.7
1.1×10^3	180.2	5.633 3	780.34	2 785.5	2 005.1
1.2×10^3	187.8	6.124 1	797.92	27 88.5	1 990.6
1.3×10^3	191.5	6.614 1	814.25	2 790.9	1 976.7
1.4×10^3	194.8	7.103 4	829.06	2 792.4	1 963.7
1.5×10^3	198.2	7.593 5	843.86	2 794.4	1 950.7
1.6×10^3	201.3	8.081 4	857.77	2 796.0	1 938.2
1.7×10^3	204.1	8.567 4	870.58	2 797.1	1 926.1
1.8×10^3	206.9	9.053 3	883.39	2 798.1	1 914.8
1.9×10^3	209.8	9.539 2	896.21	2 799.2	1 903.0
2×10^3	212.2	10.033 8	907.32	2 799.7	1 892.4
3×10^3	233.7	15.007 5	1 005.4	2 798.9	1 793.5
4×10^3	250.3	20.096 9	1 082.9	2 789.8	1 706.8
5×10^3	263.8	25.366 3	1 146.9	2 776.2	1 629.2
6×10^3	275.4	30.849 4	1 203.2	2 759.5	1 556.3
7×10^3	285.7	36.574 4	1 253.2	2 740.8	1 487.6
8×10^3	294.8	42.576 8	1 299.2	2 720.5	1 403.7
9×10^3	303.2	48.894 5	1 343.5	2 699.1	1 356.6
10×10^3	310.9	55.540 7	1 384.0	2 677.1	1 293.1
12×10^3	324.5	70.307 5	1 463.4	2 631.2	1 167.7
14×10^3	336.5	87.302 0	1 567.9	2 583.2	1 043.4
16×10^3	347.2	107.801 0	1 615.8	2 531.1	915.4
18×10^3	356.9	134.481 3	1 699.8	2 466.0	766.1
20×10^3	365.6	176.596 1	1 817.8	2 364.2	544.9

附表 4　干空气的物理性质(101.33 kPa)

温度 t/℃	密度 ρ/(kg/m³)	比定压热容 c_p/(kJ/(kg·K))	导热系数 λ/(10^{-2} W/(m·K))	粘度 μ/10^{-5} Pa·s	普兰德数 Pr
−50	1.584	1.013	2.035	1.46	0.728
−40	1.515	1.013	2.117	1.52	0.728
−30	1.453	1.013	2.198	1.57	0.723
−20	1.395	1.009	2.279	1.62	0.716
−10	1.342	1.009	2.360	1.67	0.712
0	1.293	1.009	2.442	1.72	0.707
10	1.247	1.009	2.512	1.76	0.705
20	1.205	1.013	2.593	1.81	0.703
30	1.165	1.013	2.675	1.86	0.701
40	1.128	1.013	2.756	1.91	0.699
50	1.093	1.017	2.826	1.96	0.698
60	1.060	1.017	2.896	2.01	0.696
70	1.029	1.017	2.966	2.06	0.694
80	1.000	1.022	3.047	2.11	0.692
90	0.972	1.022	3.128	2.15	0.690
100	0.946	1.022	3.210	2.19	0.688
120	0.898	1.026	3.338	2.28	0.686
140	0.854	1.026	3.489	2.37	0.684
160	0.815	1.026	3.640	2.45	0.682
180	0.779	1.034	3.780	2.53	0.681
200	0.746	1.034	3.931	2.60	0.680
250	0.674	1.043	4.268	2.74	0.677
300	0.615	1.047	4.605	2.97	0.674
350	0.566	1.055	4.908	3.14	0.676
400	0.524	1.068	5.210	3.30	0.678
500	0.456	1.072	5.745	3.62	0.687
600	0.404	1.089	6.222	3.91	0.699
700	0.362	1.102	6.711	4.18	0.706
800	0.329	1.114	7.176	4.43	0.713
900	0.301	1.127	7.630	4.67	0.717
1 000	0.277	1.139	8.071	4.90	0.719
1 100	0.257	1.152	8.502	5.12	0.722
1 200	0.239	1.164	9.153	5.35	0.724

附表 5　某些气体的重要物理性质

名称	分子式	密度(标准态)/(kg/m³)	比定压热容c_p/(kJ/(kg·K))	黏度μ/10^{-5} Pa·s	沸点(101.3 kPa)/℃	汽化热(101.3 kPa)/(kJ/kg)	临界点		导热系数λ(标准态)/(W/m·K)
							温度/℃	压强/kPa	
空气	—	1.293	1.009	1.73	−195	197	−140.7	3 768.4	0.024 4
氧	O_2	1.429	0.653	2.03	−132.98	213	−118.82	5 036.6	0.024 0
氮	N_2	1.251	0.745	1.70	−195.78	199.2	−147.13	3 392.5	0.022 8
氢	H_2	0.089 9	10.13	0.842	−252.75	454.2	−239.9	1 296.6	0.163
氦	He	0.178 5	3.18	1.88	−268.95	19.5	−267.96	228.94	0.144
氩	Ar	1.782 0	0.322	2.09	−185.87	163	−122.44	4 862.4	0.017 3
氯	Cl_2	3.217	0.355	1.29(16℃)	−33.8	305	+144.0	7 708.9	0.007 2
氨	NH_3	0.711	0.67	0.918	−33.4	1 373	+132.4	11 295	0.021 5
一氧化碳	CO	1.250	0.754	1.66	−191.48	211	−140.2	3 497.9	0.022 6
二氧化碳	CO_2	1.976	0.653	1.37	−78.2	574	+31.1	7 384.8	0.013 7
二氧化硫	SO_2	2.927	0.502	1.17	−10.8	394	+157.5	7 879.1	0.007 7
二氧化氮	NO_2	—	0.615	—	+21.2	712	+158.2	10 130	0.040 0
硫化氢	H_2S	1.539	0.804	1.166	−60.2	548	+100.4	19 136	0.013 1
甲烷	CH_4	0.717	1.70	1.03	−161.58	511	−82.15	4 619.3	0.030 0
乙烷	C_2H_6	1.357	1.44	0.850	−88.50	486	+32.1	4 948.5	0.018 0
丙烷	C_3H_8	2.020	1.65	0.795(18℃)	−42.1	427	+95.6	4 355.9	0.014 8
正丁烷	C_4H_{10}	2.673	1.73	0.810	−0.5	386	+152	3 798.8	0.013 5
正戊烷	C_5H_{12}	—	1.57	0.874	−36.08	151	+197.1	3 342.9	0.012 8
乙烯	C_2H_4	1.261	1.222	0.935	+103.7	481	+9.7	5 135.9	0.016 4
丙烯	C_3H_6	1.914	1.436	0.835(20℃)	−47.7	440	+91.4	4 599.0	—
乙炔	C_2H_2	1.171	1.352	0.935	−83.66(升华)	829	+35.7	6 240.0	0.018 4

附表 6　某些液体的重要物理性质

名称	分子式	密度/(kg·m³)	黏度 μ (20℃) /mPa·s	比定压热容 (20℃)/(kJ/(kg·K))	沸点 (101.3 kPa)/℃	汽化热/(kJ/kg)	膨胀系数/(10⁻⁴/K)	表面张力 (20℃)/(10⁻³N/m)	导热系数 λ/(W/(m·K))
水	H_2O	998	1.005	4.18	100	2 256.9	1.82	72.8	0.559
氯化钠盐水(25%)	—	1 180	2.3	3.39	107	—	(4.4)	—	(0.57)
氯化钙盐水(25%)	—	1 228	2.5	2.89	107	—	(3.4)	—	0.57
盐酸(30%)	HCl	1 149	2	2.55	(100)	—	—	—	0.42
硝酸	HNO_3	1 513	1.17(10℃)	1.74	86	481.1	—	—	—
硫酸	H_2SO_4	1 813	25.4	1.47	340(分解)	—	5.6	—	0.384
甲醇	CH_3OH	791	0.597	2.495	64.6	110.1	12.2	22.6	0.212
三氯甲烷	$CHCl_3$	1 489	0.58	0.992	61.1	253.7	12.6	28.5(10℃)	0.14
四氯化碳	CCl_4	1 594	0.97	0.85	76.5	195	—	26.8	0.12
乙醛	CH_3CHO	780	0.22	1.884	20.4	573.6	—	21.2	—
乙醇	C_2H_5OH	789	1.200	2.395	78.3	845.2	11.6	22.8	0.172
乙酸	CH_3COOH	1 049	1.31	1.997	117.9	406	10.7	23.9	0.175
乙二醇	$C_2H_4(OH)_2$	1 113	23	2.349	197.2	799.7	—	47.7	—
甘油	$C_3H_5(OH)_3$	1 261	1 490	2.34	290(分解)	—	5.3	63	0.593
乙醚	$(C_2H_5)_2O$	714	0.233	2.336	34.5	360	16.3	18	0.14
乙酸乙酯	$CH_3COO-C_2H_5$	901	0.455	1.992	77.1	368.4	—	—	0.14
戊烷	C_5H_{12}	626	0.240	2.244	36.1	357.5	15.9	16.2	0.113
糠醛	$C_5H_4O_2$	1 160	1.29	1.59	161.8	452.2	—	43.5	—
己烷	C_6H_{14}	659	0.326	2.311	68.7	335.1	—	18.2	0.119

附表 7　管道内流体流速常用值

流体种类	应用场合	管道种类	平均流速/(m/s)
水	一般给水	主压力管道	2～3
		低压管道	0.5～1
	泵进口		0.5～2.0
	泵出口		1.0～3.0
	工业用水	离心泵压力管	3～4
		离心泵吸水管 DN250	1～2
		离心泵吸水管 DN250	1.5～2.5
		往复泵压力管	1.5～2
		往复泵吸水管	<1
		给水总管	1.5～3
		排水管	0.5～1.0
	冷却	冷水管	1.5～2.5
		热水管	1～1.5
	凝结	凝结水泵吸水管	0.5～1
		凝结水泵出水管	1～2
		自流凝结水管	0.1～0.3
一般液体	低黏度		1.5～3.0
高黏度液体	黏度 50 mPa·s	DN25	0.5～0.9
		DN50	0.7～1.0
		DN100	1.0～1.6
	黏度 100 mPa·s	DN25	0.3～0.6
		DN50	0.5～0.7
		DN100	0.7～1.0
		DN200	1.2～1.6
	黏度 1 000m Pa·s	DN25	0.1～0.2
		DN50	0.16～0.25
		DN100	0.25～0.35
		DN200	0.35～0.55
气体	低压		10～20
	高压(20～0 MPa)		8～15
	排气	烟道	2～7
压缩空气	压气机	压气机进气管	0～10
		压气机输气管	0～20
	一般情况	DN<50	<8
		DN>70	<15

附表 8 水、煤气输送钢管规格、重量表(摘自 YB 234—63)

公称内径/mm	公称内径/in.	外径/mm	钢管螺纹			
			普通管		加厚管	
			壁厚/mm	理论重量/(kg/m)(不计管接头)	壁厚/mm	理论重量/(kg/m)(不计管接头)
6	1/8	10	2	0.89	2.50	0.46
8	1/4	13.5	2.25	0.62	2.75	0.73
10	3/8	17	2.25	0.82	2.75	0.97
15	1/2	21.25	2.75	1.25	3.25	1.44
20	3/4	26.75	2.75	1.63	3.5	2.01
25	1	33.5	3.25	2.42	4	2.91
32	$1\frac{1}{4}$	42.25	3.25	3.13	4	3.77
40	$1\frac{1}{2}$	48	3.5	3.84	4.25	4.58
50	2	60	3.5	4.88	4.5	6.16
70	$2\frac{1}{2}$	75.5	3.75	6.64	4.5	7.88
80	3	88.5	4	8.34	4.75	9.81
100	4	114	4	10.85	5	13.44
125	5	140	4.5	15.04	5.5	18.24
150	6	165	4.5	17.81	5.5	21.63

注:①表列钢管是适用于输送水、煤气及采暖系统等用的钢管。分镀锌和不镀锌(黑管)两种;又分带螺纹和不带螺纹两种;按壁厚可分为普通钢管、加厚钢管和薄壁钢管。②钢管的长度规定为:无螺纹的黑管 4～12 m;带螺纹的黑管和镀锌管 4～9 m。每批允许有 10%的(按根数计算)2～4 m 长的短尺钢管或 4～9 m 长的接管(即用一个管接头将两根钢管连接而成)。③经供需双方协议,可供应定尺长度或倍尺长度的钢管。其最大长度可到 8 m。按倍尺交货的钢管,每个单倍尺应留切口 5～10 mm。④钢管用易焊接的软钢制造,钢号和制造方法(炉焊或电焊)均由制造厂选择。⑤钢管应能承受下列规定压力的水压试验:普通钢管和薄壁钢管 20 kg/cm^2;加厚钢管 30 kg/cm^2。

附表 9　IS 型单级单吸离心泵主要性能参数表(摘录)

型号	转速 n/(r/min)	流量 Q m^3/h	流量 Q L/s	扬程 H/m	效率 η/%	功率/kW 轴功率	功率/kW 电机功率	必需汽蚀余量 $(NPSH)_r$/m	重量/kg (泵/底座)
IS50-32-125	2 900	7.5	2.08	22	47	0.96	2.2	2.0	32/46
		12.5	3.47	20	60	1.13		2.0	
		15	4.17	18.5	60	1.26		2.5	
	1 450	3.75	1.04	5.4	43	0.13	0.55	2.0	32/38
		6.3	1.74	5	54	0.16		2.0	
		7.5	2.08	4.6	55	0.17		2.5	
IS65-50-125	2 900	15	4.17	21.8	58	1.54	3	2.0	50/41
		25	6.94	30	69	1.97		2.0	
		30	8.33	18.5	68	2.22		2.5	
	1 450	7.5	2.08	5.35	53	0.21	0.55	2.0	50/38
		12.5	3.47	5	64	0.27		2.0	
		15	4.17	4.7	65	03.0		2.5	
IS80-65-125	2 900	30	8.33	22.5	64	2.87	5.5	3.0	44/66
		50	13.9	20	75	3.63		3.0	
		60	16.7	18	74	3.98		3.5	
	1 450	15	4.17	5.6	55	0.42	0.75	2.5	44/38
		25	6.94	5	71	0.48		2.5	
		30	8.33	4.5	72	0.51		2.0	
IS100-80-160	2 900	600	16.7	36	70	8.42	15	3.5	69/110
		100	27.8	32	78	11.2		4.0	
		120	33.3	28	75	12.2		5.0	
	1 450	30	8.33	9.2	67	112	2.2	2.0	69/64
		50	13.9	8.0	75	1.45		2.5	
		60	16.7	6.8	71	1.57		3.5	
IS125-100-200	2 900	120	33.3	57.5	67	28.0	45	4.5	108/160
		200	55.6	50	81	33.6		4.5	
		240	66.7	44.5	80	36.4		5.0	
	1 450	60	16.7	14.5	62	3.83	7.5	2.5	108/66
		100	27.8	12.5	76	4.48		2.5	
		120	33.3	11.0	75	4.79		3.0	
IS150-125-250	1 450	120	33.3	22.5	71	10.4	18.5	3.0	168/158
		200	55.6	20	81	13.5		3.0	
		240	66.7	17.5	78	14.7		3.5	

附表 10　F 型不锈钢耐腐蚀泵性能参数表(摘录)

泵型号	流量 Q		扬程 H/m	转速/(r/min)	效率/%	轴功率/kW	允许吸上真空高度/m	配用功率/kW
	(m^3/h)	(L/s)						
25F-16	3.6	1	16	2 900	37	0.42	6	按液体比重换算
25F-16A	3.27	0.91	12.5			0.30		
25F-25	3.6	1	25	2 900	27	0.91	6	
25F-25A	3.27	0.91	20			0.66		
40F-65	7.2	1.77	65	2 900	24	5.31	6	
40F-65A	6.72	4	56			4.25		
40F-65B	6.36	3.64	49.5			3.58		
50F-40	14.4	4	40	2 900	44	3.57	6	
50F-40A	13.1	3.64	32.5			2.64		
50F-103	14.4	4	103	2 900	25	16.2	6	
50F-103A	13.5	3.75	89.5			13.2		
50F-103B	12.7	3.53	79.5			11		
65F-40	28.8	8	39.5	2 900	57	5.45	6	
65F-40A	26.2	7.28	32			4		
80F-60	45	15	60	2 900	63	14	5	
80F-60A	50.5	14	52			11.3		
80F-60B	47.5	13.2	46			9.44		
100F-37	100.8	28	57	2 900	72	21.7	4	
100F-37A	94.3	26.2	49			17.5		
100F-37B	88.6	24.6	43.5			14.6		
150F-35	190.8	53	34.7	1 450	72	25	4	
150F-35A	173.5	48.2	28			18.4		
150F-90	190.8	53	89.5	2 900	58	80.2	4	
150F-90A	178.2	49.5	78			65.3		
150F-90B	167.8	49.9	68.5			53.8		
200F-21	360	100	21	1 450	74	27.8	4	
200F-21A	327	90.8	16.5			19.9		

参考文献

[1]张宏丽,周长丽.制药过程原理及设备.北京:化学工业出版社,2005.

[2]任凌波,金志浩.实用精细化工过程与装备.北京:化学工业出版社,2007.

[3]王凯,冯连芳.混合设备设计.北京:机械工业出版社,2000.

[4]柴诚敬,张国亮.化工流体流动与传热.北京:化学工业出版社,2000.

[5]陈敏恒.化工原理.2版.北京:化学工业出版社,1999.

[6]王锡玉,刘建中.化工基础.2版.北京:化学工业出版社,2000.

[7]何志成.制剂单元操作与制剂工程设计.北京:中国医药科技出版社,2005.

[8]俞子行.制药化工过程及设备.2版.北京:中国医药科技出版社,1998.

[9]刘落宪.中药制药工程原理与设备.北京:中国中医药出版社,2003.

[10]国家医药管理局上海医药设计院.化工工艺设计手册.2版.北京:化学工业出版社,1996.

[11]梁中英.化工原理.北京:中国医药科技出版社,2002.

[12]郑津洋,董其伍,桑芝富.过程设备设计.北京:化学工业出版社,2001.

[13]陈志平,章序文,林兴华.搅拌与混合设备设计选用手册.北京:化学工业出版社,2004.

[14]陈乙崇.搅拌设备设计.上海:上海科学技术出版社,1985.

[15]王凯,虞军.化工设备设计全书——搅拌设备.北京:化学工业出版社,2003.

[16]全国化工设备设计技术中心站机泵技术委员会.工业离心机选用手册.北京:化学工业出版社,1999.

[17]秦叔经,叶文邦.化工设备设计全书——换热器.北京:化学工业出版社,2003.

[18]金琅.新编过滤器选型设计制造新工艺新技术与质量检验标准规范实用手册.北京:中国机械出版社,2006.

[19]范玉久.化工测量及仪表.北京:化学工业出版社,2003.

[20]李淑芬,姜忠义.高等制药分离工程.北京:化学工业出版社,2004.

[21]张雪荣.药物分离与纯化技术.北京:化学工业出版社,2005.

[22]化工机械手册编辑委员会.化工机械手册——蒸发器、结晶器、干燥器.天津:天津大学出版社,1991.

[23]A·C·霍夫曼,L·E·斯坦因.旋风分离器——原理、设计和工程应用.北京:化学工业出版社,2004.
[24]A、拉什顿,A、S、沃德,R、G、霍尔迪奇.固液两相过滤及分离技术.2版.北京:化学工业出版社,2005.
[25]张裕萍.流体输送与过滤操作实训.北京:化学工业出版社,2006.
[26]金国淼.化工设备设计全书——干燥设备.北京:化学工业出版社,2002.
[27]姜培正.过程流体机械.北京:化学工业出版社,2005.
[28]钱颂文.换热器设计手册.北京:化学工业出版社,2002.
[29]潘永康.现代干燥技术.北京:化学工业出版社,2007.
[30]全国化工设备设计技术中心站.工业泵选用手册.北京:化学工业出版社,2003.
[31]蔡尔辅.石油化工管道设计.北京:化学工业出版社,2004.
[32]潘学行.传热、蒸发与冷冻操作实训.北京:化学工业出版社,2006.
[33]刘书志,陈利群.制药工程设备.北京:化学工业出版社,2008.
[34]刘相东.常用工业干燥设备及应用.北京:化学工业出版社,2005.
[35]李春燕,陆辟疆.精细化工装备.北京:化学工业出版社,1996.
[36]朱宏吉,张明贤.制药设备与工程设计.北京:化学工业出版社,2004.
[37]侯丽新.化工单元操作实训.北京:化学工业出版社,2002.
[38]刘一.药物制剂知识与技能教程.北京:化学工业出版社,2006.
[39]张绪峤.药物制剂设备与车间工艺设计.北京:中国医药科技出版社,2000.
[40]赵宗艾.药物制剂机械.北京:化学工业出版社,1998.
[41]黄军强,游德文.管道安装工程.北京:化学工业出版社,1986.
[42]王志祥.制药工程学.北京:化学工业出版社,2003.
[43]王志魁.化工原理.北京:化学工业出版社,1998.
[44]杨祖荣.化工原理.北京:高等教育出版社,2004.
[45]刘爱民,王壮坤.化工单元操作技术.北京:高等教育出版社,2007.
[46]董天梅.制药设备实训教程.北京:中国医药科技出版社,2008.
[47]蒋丽芬.化工原理.北京:高等教育出版社,2007.
[48]马秉骞.化工设备使用与维护.北京:高等教育出版社,2007.
[49]杨崇麟.板式换热器工程设计手册.北京:机械工业出版社,1995.
[50]宋虎堂.阀门选用手册.北京:化学工业出版社,2007.
[51]石少均.药厂通用设备.北京:中国医药科技出版社,1999.

图书在版编目(CIP)数据

制药过程设备/王云庆主编. —北京:中国农业大学出版社,2009.2
ISBN 978-7-81117-632-2

Ⅰ. 制… Ⅱ. 王… Ⅲ. 制药工业-化工设备-高等学校:技术学校-教材
Ⅳ. TQ460.3

中国版本图书馆 CIP 数据核字(2008)第 183941 号

书　　名 制药过程设备
作　　者 王云庆　主编

策划编辑 姚慧敏　陈巧莲　伍　斌　　**责任编辑** 李丽君
封面设计 郑　川　　**责任校对** 王晓凤　陈　莹
出版发行 中国农业大学出版社
社　　址 北京市海淀区圆明园西路 2 号　　**邮政编码** 100193
电　　话 发行部 010-62731190,2620　　读者服务部 010-62732336
编辑部 010-62732617,2618　　出　版　部 010-62733440
网　　址 http://www.cau.edu.cn/caup　　**e-mail** cbsszs@cau.edu.cn
经　　销 新华书店
印　　刷 北京时代华都印刷有限公司
版　　次 2009 年 2 月第 1 版　**2014 年 7 月第 2 次印刷**
规　　格 787×980　16 开本　12.75 印张　229 千字
定　　价 19.00 元